U0229439

感谢乐施会提供研究及出版支持

石街邻里

河北涉县旱作石堰梯田
村落文化志

孙庆忠 等著

作者
中国农业大学农业文化遗产研究团队
孙庆忠、尉韩旭、张金垚、李志、赵天宇、汪德辉
庄琳、江璐、阿库浪金、潘奕宇、卢丽芳、宋金科

摄影
秋笔、刘莉、温双和

同济大学出版社·上海
TONGJI UNIVERSITY PRESS · SHANGHAI

目录

总序：文化志的书写
与农业文化遗产保护的村落实践

孙庆忠

　　河北涉县旱作石堰梯田系统位于太行山东麓、晋冀豫三省交界处，集中分布在井店镇、更乐镇和关防乡的 46 个行政村，石堰梯田总面积 2768 公顷（1 公顷=0.01 平方千米）（包括非耕地和新修地），石堰长度近 1.5 万千米，高低落差近 500 米。这里也因此被联合国粮食计划署专家称为"世界一大奇迹""中国的第二长城"。2014 年，该系统被农业部认定为"中国重要农业文化遗产"，2022 年 5 月 20 日被联合国粮农组织（FAO）认定为全球重要农业文化遗产（Globally Important Agricultural Heritage Systems，简称 GIAHS）。作为典型的山地雨养农业系统，"叠石相次、包土成田"的石堰梯田，以及与之匹配的"保水保土、养地用地"的传统耕作方式，是当地人应对各种自然灾害，世代累积的生存智慧，时至今日，依然发挥着重要的生产、生活和生态功能，是全球可持续生态农业的典范。

怎样理解农业文化遗产？

　　20 世纪下半叶，随着绿色革命和工业化农业进程的加速，农业生产力的提升取得了令人瞩目的成就。然而，与农业增产同时而来的环境问题和社会问题，也日益凸显了这种农业模式的不可持续性。在这种背景下，2002 年 FAO 发起了全球重要农业文化遗产保护倡议，旨在在保护生物多样性和文化多样性的前提下，促进区域可持续发展和农民生活水平的提高。20年的事实证明，这种兼具社会、经济、生态效益的农业文化遗产保护，对确保粮食安全和食品安全、对于重新认识和评估乡土价值，都具有战略性意义。

农业文化遗产是人类与其所处环境长期协同发展过程中，创造并传承至今的农业生产系统。截至2022年6月底，全球23个国家和地区的67个具有代表性的传统农业系统被认定为GIAHS，其中中国有18项，数量位居全球之首。这之中，规模宏大的涉县旱作石堰梯田系统，将源远流长的粟作农业与保持水土的梯田工程融为一体，充分展现了人工与自然的巧妙结合。在缺土少雨的石灰岩山区，当地先民从元代起就开始垒堰筑田，创造了向石头山要地的奇迹，也培育了丰富多样的食物资源，从而为当地村民的粮食安全、生计安全和社会福祉提供了物质保障。他们凭借梯田的修造技术、农作物的种植和管理技术、毛驴的驯养技术、农机具的制作和使用技术，以及作物的抗灾和储存技术等本土生态知识，使"十年九旱"的贫瘠土地养育了一辈辈子孙，即使在严重灾害之年，也能保证人口不减。七百余年间，荒野山林变成了田园庭院，山谷陡坡布满了果树庄稼。这种生境的变化，使这里的农民对赖以生存的山地充满了感激之情，也因此增进了他们对家乡历史文化的钟爱。正是老百姓对自身所处环境的精心呵护，以及在适应自然过程中的文化创造，才有了旱作石堰梯田系统世代相续的文化景观和社会形貌。

然而，传统农业已在我们身处的时代发生了深刻的变革，工业化改写了乡土社会的生产生活方式，城市化正以突飞猛进之势席卷乡村生活，年轻人大量外流，年长者相继谢世，祖辈相承的乡土知识无力发挥其延续文化根脉的作用。更令人担忧的是，由于劳动力的短缺，加之对经济利益的追逐，地力全靠化肥，杀虫全靠农药，生态系统中的原生植被被清除，土壤微生物、昆虫和动植物之间的关系被人为切断，其结果是影响人类健康的一系列问题接踵而至，系统抵御风险的能力大大降低。那么，面对绝大部分中国乡村的共相命运，农业文化遗产保护能否为可持续农业带来一线生机，为均衡发展创造机缘？

维护生态系统的完整性及其服务功能，最为根本的办法是回到人自身，做人的工作，唤醒当地人对土地的情感，进而将其转变为一种发自内心的责任意识，让村庄拥有内源性的动力。正是基于这样的认识，我们始终把"以村民为主体的社区保护"视为工作的重点，把协助村民自发组织起来进行村落文化挖掘的过程，看作他们跟土地重新建立情感联结的纽带。保护农业文化遗产的目的就是让它"活"起来，活的目的是让后世子孙可以承袭祖先带给他们的永不衰竭的资源，实现生活的永续。因此，所谓的遗产保护，实际上是为乡村的未来发展寻找出路。

为什么书写文化志丛书？

作为旱作石堰梯田系统的核心区域，井店镇王金庄村占地面积 22.55 平方千米，拥有梯田 436.98 公顷，这里是"河北省历史文化名村"，也是"中国传统村落"。自 2015 年起，中国农业大学农业文化遗产研究团队在此进行安营扎寨式研究，希望通过持续性的文化挖掘工作，与村民共同寻找一条家园营造之路。2018 年，在多方力量的筹措下，农民自组织的"河北省邯郸市涉县旱作梯田保护与利用协会"（简称"梯田协会"）进入实质运作的阶段。为了让村民全面地盘清家底，理解旱作石堰梯田系统保护和利用的价值，我提出开展以梯田地名、梯田作物和梯田村落为中心的系列普查活动，并以文化志丛书的形式呈现。

何谓文化志？这里的"文化"特指村落生产、生活中具有标志性意义的历史事件、群体活动和符号载体，"志"则是如实地记录这些有形或无形印记的表现形态。走进王金庄，村落的文化标志随处可见——绵延群山上的石堰梯田，纵横沟壑里的石庵子、储水窖，石板街尽头的山神庙、关帝庙，村西祈求风调雨顺的龙王庙，村东掌管牲畜性命的马王庙，都是村落从历史走来的物质见证。与之相应的是那些活态的民俗生活，无论是农历三月十五的奶奶顶庙会，还是冬至驴生日时敬神的一炷香，都是农耕生活里重要的文化展演。此外，以二十四节气为节奏的农耕管理，是农民自己的时间刻度；"地种百处不靠天"和"地种百样不靠天"的经验总结，是他们藏粮于地的空间直觉。只是在老百姓的观念里，它们不被称为文化，不过是"过日子"的常识而已。

文化志丛书用文字、影像存留了旱作梯田系统里上演的一幕又一幕生活片断。历史的长河我们无法追逐，生活里的瞬间我们却可以捕捉。"梯田地名文化志"《历史地景》，记录了全村 24 道大沟、120 条小沟，拥有岭、沟、坡、垴、洼、峻、碌、山、旮旯等 9 类地貌的 420 个地名。这些形象化的地名记录了人与土地的历史关系，其中凝聚了具有深厚诗意的祖先故事的描述。村民私家珍藏的地契文书印证了数百年来土地的归属，从清康熙六十年（1721）到民国三十七年（1948）间的民间土地交易跃然纸上。而那些散布在梯田间的 1159 个石庵子，既有定格在清咸丰二年（1852）、光绪十一年（1885）的历史，也不乏"农业学大寨"时期激情豪迈的岩凹沟"传说"。在这里，往事并未如烟，梯田地名一直是村民感知人与土地的互动关系、追溯村庄集体记忆的重要媒介。"梯田村落文化志"《石街邻里》，则以垒堰筑田、砌石为家等标志性的文化符号为载体，全面呈现了梯田社会一整套冬修、春播、夏管、秋收的农耕技术体系，以及浸透其中的灾害意识和生命意识。从水库水窖的设计到门庭院落的布局，从对神灵的虔诚到人世礼俗的教化，传递的是太行山区村落社会的自然风物与人文历史，讲述的是村民世代传承的惜土如金、勤劳简朴的个性品质。"梯田作物文化志"《食材天成》，集中展现了系统内丰富的农业生物多样性，以及从种子到餐桌的吐故纳新的循环周期。"饿死老娘，不吃种粮"等俗语背后的生活故事，形象地说明了人们利用当地的食物资源，抗击各种自然灾害的生存技能。对农艺专家和村民的调查数据显示，石堰梯田内种植或管理的农业物种有 26 科 57 属 77 种，在这 77 种农业物种中有 171 个传统农家品种，数量位列前十的分别是谷子 19 个、大豆 11 个、菜豆 9 个、柿子 9 个、赤豆 7 个、玉米 7 个、扁豆 5 个、南瓜 5 个、花椒 5 个、黑枣（君迁子）5 个。这些作物既是形塑当地人味蕾的食材佳肴，也是认识地方风土、建立家乡认同的重要依据。

我们通过文化志的方式书写旱作梯田系统的过往与当下，一来是想呈现世世代代的村民跟自然寻求和谐之道的历史，二来想表达的是对他们热爱生活、珍视土地之深沉情感的一份敬意。当然，还有更深层的目的，那就是在记录传统农耕生产生活方式的过程中，重建生命和土地的联系，重新思考农业的特性，以及全球化、现代化带给乡村的影响。以此观之，这项深具反思与启蒙价值的创造性工作，试图回应的是现代性的问题——人与土地的疏离、人与作物的疏离、人与人之间的疏离。于村民而言，踏查梯田重新建立了自我、家庭与村庄的联系；对研究者来说，走进村庄重新发现了乡土社会的问题与出路。因此，文化志丛书既是存留过去，也是定位当下，更是直指未来。

培育乡村内生力量的价值

农业文化遗产保护的前提是对自然生态系统和复杂的社会关系系统有深入的了解。无论外界的干预如何善意，保护的主体都必然是创造和发展它们的当地农民。然而，科学技术的进步改写了传统的农耕生产方式，人们需求的改变，已经重塑了乡土中国的社会形态与文化格局。在这种情况下，如何让农民在动态适应中传续农耕技艺的根脉，如何进行乡土重建以应对乡村凋敝的处境，也便成为遗产保护的核心要义。

我一直认为，农业文化遗产保护的本质就是现代化背景下的乡村建设。村落是乡村的载体，是整个农耕时代的物质见证。它所呈现的自然生态和人文景观是当地人在生产生活实践的基础之上，经由他们共同的记忆而形成的文化和意义体系。因此，保护农业文化遗产表面上看是在保护梯田、枣园、桑基鱼塘等农业景观，其深层保护的是村落、村落里的人，以及那些活在农民记忆里的本土生态知识。以此观之，编纂文化志丛书的过程就是乡村建设的一个环节，其目标是增强农民对农业文化遗产保护与发展的理解，提升社区可持续发展能力。2019年因缘聚合，在香港乐施会的资助下，梯田协会正式启动了中国重要农业文化遗产保护社区试点王金庄项目，在涉县农业农村局、中国科学院自然与文化遗产研究中心、农民种子网络和中国农业大学农业文化遗产团队的协助下，全面开展了"社区资源调查、社区能力建设"两大板块工作，让村民、地方政府、民间机构、青年学子都有了服务乡村的机会。村落文化志丛书的付梓，就是探索并诠释多方参与、优势互补的农业文化遗产保护机制的集中体现。

为了推动梯田协会的组织建设，参与各方均以沉浸式的工作方法和在地培育理念，与村民一起筹划文化普查的步骤，勾勒村庄发展的前景。正是在这种倾情协助的感召下，村民对盘点家乡的文化资源投入了巨大的心力。为了记录每一块梯田的历史与现状，他们成立了普查工作组，熟知村史的长者和梯田协会的志愿者也由此开启了重新发现家乡的自知之路。他们翻山越岭，走遍了小南东峧沟、小南沟、大南沟南岔、大南沟北岔、石井沟、滴水沟、大崖岭、石花沟、岭沟、倒峧沟、后峧沟、鸦喝水、石岩峧、有则水沟、桃花水大西沟、大桃花水、小桃花水、灰峧沟、萝卜峧沟、高峧沟、犁马峧沟、石流碛、康岩沟、青黄峧等村域大沟小沟的角角落落。暑去寒来，用脚丈量出的数据显示：全村共有梯田 27 291 块，荒废 5958 块；总面积 6554.72 亩（1亩=666.67 平方米），荒废 1378.03 亩；石堰长 1 885 167.72 米，荒废 407 648.38 米；石庵子 1159 座，水窖 158 个，大池 10 个，泉水 17 处；花椒树 170 512 棵，黑枣树 10 681 棵，核桃树 10 080 棵，柿子树 1278 棵，杂木树 4127 棵。这是迄今为止，村民对村落资源最为精细的调查。除了对每条沟内的梯田块数、亩数、作物类别以及归属进行调查与记录，他们还探究了每处地名的由来，并追溯到地契文书记载的年代。

随着梯田地名和作物普查工作的推进，年长者和年轻人发现，他们是在重走祖先路。因为每一座山、每一块田讲述的都是垒堰筑田的艰辛，叙说的都是过往生活的不易，这也是他们共同的体验。退休教师李书吉全程参与了梯田普查，2020 年 5 月 9 日，在《王金庄旱作梯田普查感言》中他深情地写道：

"4 月 30 日晚上 8 点普查的数据终于出来了，这个数据让我惊呆了，这是一组多么强大而有说服力的证据啊！⋯⋯勤劳的王金庄人民总是把冬闲变为冬忙，常常利用冬季的时间修田扩地，但这个时间也是修梯田最艰难的时候，天寒地冻的严冬，每每清晨，石头上总被厚厚的冰霜所覆盖，手只要触摸，总有被粘连的感觉，人们满是老茧的双手，冻裂的口子，经常有滴滴鲜血浸渗在块块石头之上，但人们仍咬牙坚持修筑梯田，一天又一天，一年又一年地坚持着筑堰修地，使梯田一寸寸、一块块、一层层地增加着。记得有一年的春节，修梯田专业队除夕晚上收工，正月初三就开始了新一年的修梯田运动，尽管人们起五更搭黄昏，但平均一个劳动日也只能修不足一平方尺（0.11 平方米）的土地。在这次普查中，每见到一块荒废的土地，我都非常心痛。外出打工、养家糊口固然重要，但保护、传承和合理利用老祖宗留给我们的宝贵遗产更为重要。希望青年朋友们，从我做起，从小事做起，尽可能保护开发建设梯田，千万不要成为时代的罪人！"

这样的文字总是令人心生感动。在我看来，这就是乡土社会里最为生动的人生教育！从这个意义上说，我更为看重的是村民挖掘村落资源、记录梯田文化的过程，因为它激活了农民热爱家乡的情感，也在一定程度上增强了他们对乡土社会的自信。尽管我们的工作难以即刻给村民经济收入的提升带来实质性的变化，但是这种"柔性"的文化力量，对村庄发展的持续效应必将是刚性的。各方力量协助村民重新认识梯田的价值，让他们看到梯田里的文化元素就是这方水土世代传续的基因库，老祖宗留下的资源就是他们创造生活的源泉。在这个前提下，梯田的保护与利用才是一体的。

农业文化遗产保护的主体是农民，他们要在这里生存发展，因此他们对自身文化的重新认识，以及乡土重建意识的觉醒，也预示着农业和农村的未来。七年前这片陌生的土地闯入了我们的视野，如今太行梯田的坡、岭、沟、埌、碌成为我们梦醒时分的乡村意象。如果有一天，这里祖先的往事被再度念起，而那些早已被遗忘的岁月能因为我们今天的工作而"复活"，那将是生活赐予我们的最高奖赏。我们也有理由相信，若干年之后，这些因旱作石堰梯田而生成的文化记忆会融进子孙后代的身体里，成为他们应对变局的生存策略，并在自身所处的时代里为其注入活力。

雪后
温双和　摄

导言：梯田社会的文化符号

孙庆忠

    2022 年 5 月 20 日，河北省涉县旱作石堰梯田系统被联合国粮农组织（FAO）认定为全球重要农业文化遗产（Globally Important Agricultural Heritage Systems，简称 GIAHS）。这里地处太行山东麓，属于缺土少雨的石灰岩山区，梯田土层厚的不足 0.5 米，薄的仅 0.2 米。然而，就是在这样艰苦的自然条件下，当地人在适应自然、改造环境的过程中，创造出了独特的山地雨养农业系统和规模宏大的石堰梯田景观。其核心区域井店镇王金庄村占地面积 22.55 平方千米，拥有 27 291 块、436.98 公顷（6554.72 亩）梯田，石堰长 1885.168 千米。这里也因此被联合国世界粮食计划署专家称为"世界一大奇迹""中国的第二长城"。

    王金庄是山谷之间的一个自然村落，包括从"王金庄一街"到"王金庄五街"共 5 个行政村，从东向西次第排序，因此有"五街一村"之说。2020 年第七次全国人口普查数据显示，全村共有 1487 户、4679 口人，其中一街村 252 户，850 人；二街村 310 户，988 人；三街村 351 户，1012 人；四街村 276 户，861 人；五街村 298 户，968 人。王、曹、李、刘四大姓先定居于此，后有张、付、赵、岳等姓氏陆续来村置地建房。各大姓氏或有祠堂，或存族谱，其中王姓已传续香火 24 世，1448 人，曹姓繁衍 23 代，1336 人。

作为河北省历史文化名村、中国传统村落，除了壮美的石堰梯田，王金庄至今保存着明清建筑风格的民居 600 多幢，它们与 2000 多米长的石板街、500 多条石砌小街巷，共同构成了一座"天然的石头博物馆"，石街石道、石房石墙、石桌石凳、石碾石磨、石桥石栏、石碑石碣、石井石窖、石槽石臼，这些极具地域特色的文化标志构成了村落的基本形态。

村西黄龙庙始建于金正大七年（1230），自明嘉靖至清嘉庆先后重修四次；与龙王庙同时兴建的关帝庙，700 多年间屡遭洪水冲毁，却总能在村民的自发重修中获得新生；古刹明国寺虽不知缘起何时，但明万历二十七年（1599）、清嘉庆六年（1801）和道光十六年（1836）的重修碑记，却清晰呈现了岁月的沧桑；创建年代不可考，重修于清康熙四十年（1701）的村东马王庙，虽已破败，仅存遗址，但乾隆五十七年（1792）的《马王爷庙碑记》，记录了公议重修的往事，接续了民众对"可保六畜"的马王爷的虔诚信仰。这些熔铸了村民祈福心理的特定空间，在灾难降临之日，在生活无奈之时，都曾经给予老百姓巨大的心灵抚慰。正是这些可视、可触、可感的人居空间和神居之所，共同构成了村落风貌的基本格局与色调，也是王金庄村历史质感的物质见证。

此时，这些古老庙宇都已在岁月的飘摇中失去了往日的容颜，甚至只有遗迹供后人凭吊。只有民国时期修建的村西奶奶庙依旧香火甚旺，每年农历三月十五是乡村沸腾的节日，寂寞的山林里涌动着民众对幸福生活的企望。这如期而至的庙会与怡神悦人的大戏，表达了他们对于美好生活的向往。让灾难和病痛远离自己、远离家人、远离村庄，这是老百姓千百年来不曾变更的愿望。这种共同的经历是村落生活记忆最真切的表达。

在由血缘和地缘构成的乡土社会里，除了那些有形的建筑景观，还有祖先与后辈共同传习的村落民俗文化。在这里，农民的时间经验——立秋摘花椒、白露打核桃、霜降摘柿子、立冬打软枣、小雪收白菜，记录着乡村的时序刻度和以礼俗活动为核心的生活内容。一年四季的变奏、二十四节气的运转、岁时节日的庆典和祭典，这些重复上演的故事，让村民始终保有着跟祖先、跟子孙的对话能力，也是乡村生活永续的内在动力和重要源泉。

王金庄的梯田与村落是村民世世代代进行文化创造的物质载体，也是乡民珍视生命、热爱生活最鲜活的呈现。这些宝贵的遗产中，浸透着那些活在人们观念与行动中的最为美好的精神品质。无论是在奶奶顶俯瞰团结水库，还是身处岩凹沟环顾山坡梯田，视觉的冲击和心灵的震撼总是扑面而来。在这片神奇的土地上有英雄的乡民，被誉为"太行愚公"的王全有是他们中最为杰出的代表。他为改造家乡穷困落后的面貌，几十年如一日地带领群众劈高山、开隧道、修水库、筑塘坝、植松柏、栽花椒。他们改变了自然的形貌，改写了村庄的历史，这也是我们对这里充满敬意的原因所在。走进岩凹沟，57 条陡坡峻岭上垒起的 250 千米的双层石堰里，流淌着一辈辈村民的汗水；1200 块 410 亩的新修梯田，承载了他们开山垒堰、挑土造田的 10 年光阴。伫立村西大南沟，昔日村民去古台和井店取水的往事与修建水库时翻山越岭 20 里（1 里＝500 米）到龙虎河背沙的场景总是挥之不去。这些村落社会里重要的文化标识物，记录了村庄的历史，凝结着王金庄人的坚强意志。我们曾听闻老一辈村民讲述修建梯田的坎坷艰辛，以及"农业学大寨"时期的昂扬斗志，那里没有抱怨，没有逃避，有的是为生存而战的刻骨铭心的记忆。

而今，那段充满激情的岁月，那个战天斗地的时代，早已渐行渐远，但尽享青山绿岭的子孙并未忘却祖辈的恩德，也从未抛弃勤劳、坚韧的心理品质。据《涉县水利志》记载，从明万历九年（1581）到 1985 年，该地区有记载的较大干旱灾害有 43 次、洪涝灾害有 23 次。近期发生的 2016 年 7·19 水灾，就像 1996

年的大洪水一样，冲毁了王金庄的主干道和部分梯田。2019年的大旱，致使全村绝大多数的土地颗粒无收。这种常态性的旱灾和突发性的水灾，几乎成为每一代村民都要接受的考验。与此相应的是，每一次灾难过后，村民都会自觉地总结生态知识，累积生活智慧，自发地组织家园重建。法国文学家罗曼·罗兰说："世上只有一种英雄主义，就是在认清生活真相之后依然热爱生活。"在王金庄的历史中，我们真切地目睹了这种平凡的英雄主义。

最后还想说的是，村民中有一种特殊的文化人，他们总是给村落平淡的日常增添着美和尊严。王树梁、王林定等一批乡村知识分子，十多年前便肩负起编纂村志的重任。他们不顾冬夏、忘却春秋，访故问旧、拓抄碑文，在忙农活的同时常年坚持写作。2009年刊印的《王金庄村志》，为这部村落文化志的写作提供了翔实的历史信息和深入探访的线索。此后，为了宣传家乡之美，他们又组织编写了《中国传统村落·王金庄》《走进王金庄》和《印象王金庄》等书籍。在他们的笔下，王金庄的沟沟岭岭拥有了诗情画意，即使是萧索的冬日，也能让我们感受到梯田里温暖的气息。正是他们这份对家乡的炽热情感，才让无志可考的村庄找回了曾经失落的历史，才让刻在祖祖辈辈记忆里的文化基因转化成为一条代际之间的情感纽带。

山上梯田

秋笔 摄（后未标注摄影者照片，均为秋笔摄）

一　太行东麓

文／尉韩旭、张金垚

王金庄地处太行山东麓，群山环绕，层峦叠嶂，壁立千仞，沟壑错落，蔚为壮观。在这里，人们充分利用自然之势，在岩石缝隙中开辟出梯田维持生计，在群山之巅垒造兵寨保家卫国。群山本无姓，然而坡、岭、沟、垴、硖五种地形，却因被赋予形象化的名字而有了温度与归宿。“山高石头多，出门就爬坡”，是对王金庄地形地貌的生动描绘，也是人们日常起居的真实写照。位于村西南部、作为王金庄地势最高之地的石崖沟，融太行风光与旱作梯田景观于一身，远观可见梯田坐落悬崖之震撼，近观则能领略一览众山小之壮阔。位于王金庄最西侧的龙泉沟，山形参差起伏若条条游龙，下有黄龙洞吐清泉滋润生息，上悬奶奶庙瞰众生保佑常安。村北的岩凹沟，自明朝王能在此开荒辟田，至“当代愚公”王全有凿山运石筑起“天门悬天”，刻下了岁月的沧桑，也承载了“农业学大寨”时期的生命激情。

坡岭沟垴硖

依据位置、形态和海拔，王金庄的上百处沟沟壑壑都被村民们赋予了独特的名字，其中坡、岭、沟、垴、硖最为典型。

山地倾斜的地方叫坡，山坡上倾斜的田称为坡地。通常情况下，缓坡比陡坡土层厚，在缓坡上修建梯田不需要垒石堰，是耕地的首选。岭为山相连而成，是狼频繁出没的地方，连绵的山地形成的岭地在过去常是危险的象征。沟是两山间低洼而狭窄的地带，为山间雨水冲刷而成，雨季时山坡上的雨水汇入其中，雨水过后为旱地。靠近山岭的小沟，经年累月形成了岭头山垴，岩石裸露，沟渠里的土层在雨季被冲刷得干干净净，留下满渠乱石，而后又形成河滩。王金庄有河滩的大沟共 5 道，5 道沟连同两旁的大沟共 24 条，小沟 120 条，沟在王金庄各种地形中数量居于榜首。垴是指山腰至山顶的部分，其地势高、光照充分，全村大大小小的垴共有 31 个，其中"后垴"是最大的一个。硚是指经过长期的水土流失，只剩下乱石或石多土少的山沟，其形若沟、坡度陡峻，其态叠嶂、重峦直立。硚也有土层较厚的土地，全村 12 个硚都已垒成梯田。

在村民口中，坡（三昌后坡、东峧坡、小南西坡、梨树坡、南坡、北坡、后北坡等）、岭（大崖岭、北岭、长岭、桃花岭、萝卜峧岭等）、沟（滴水打南沟、康岩沟、小南沟、大南沟、岭沟等）、垴（白玉顶磨盘垴、柏树坡垴、滴水垴、南垴、岩垴、王家垴等）、硚（木橑树硚、大南硚、山核桃树硚、倒峧硚、大肚硚、寺南硚、板屋崖硚、石流硚、长硚、耧斗硚、走路硚等），既是王金庄自然风光的地质画卷，也是村民农耕生活的历史见证。

石崖沟

石崖沟位于村西南部，东邻村西头水库，西接张家庄地界，南毗小南沟山岭，北连大南沟北岔，是王金庄 120 条小沟中的一条，是全村海拔最高之地，也是太行山自然风光与人文景观巧妙结合的典范。

石崖沟梯田是一块宝藏地，土质多为黑土，其耕地分渠地、坡地、垴地等多种类型，主要种植豆类、谷类等粮食作物和花椒树、柿子树等果树。原本这条沟与其他沟一样，并不起眼，但后来村民在这里发现了 9 个刻有咸丰二年（1852）、光绪元年（1875）、光绪十年（1884）等年代字样的石庵子，为其久远的历史渊源提供了有力证据。相传，石崖沟最初由李氏先祖李晟开发，当时只有李家有石匠雕刻的工具，之后因其长子李选的耕地被分到后垴，距离石崖沟太远，所以石崖沟由李晟次子李让继

鸟瞰梯田

承。在咸丰、同治和光绪年间，李氏子孙把其中一部分梯田卖给了刘氏刘兰馨和曹氏曹林斗两族。

小石崖沟则是大南沟南岔左起第一道小沟，东至山顶，西至大南沟南岔大路，南至起连坡，北至前东沟双结堰。主要包括黄龙洞、黄龙庙、团结水库、庙东坡等人文景观，可谓王金庄的黄金地标之一。

自古至今，干旱是制约王金庄村民生产生活的重要因素之一，小石崖沟见证了王金庄人的寻水之路。元代祖先自定居王金庄以来，就开始在小石崖沟地区探寻水源。后来，村民在此地发现一股清泉，水量极小，却自古至今从未断流。王金庄人视之如珍宝，而后在泉眼处修了小井，从此此地被叫作小井坡。小井后面则是建于大元大德三年（1299）的黄龙庙，是村中最久远的祈水场所。庙中大明嘉靖二十一年（1542）所立《重修龙王庙舍香亭记》，是王金庄迄今为止发现的最早的石碑。每逢农历初一、十五，村民至此烧香求水从未间断；每年农历三月十五庙会，香客络绎不绝。人们在此与神灵对话，祈求风调雨顺、五谷丰登。

在距黄龙庙门口50米处，有一天然石洞名为"黄龙洞"，纵深近百米，洞身弯弯曲曲，宽窄不一，宽处可三人并行，窄处则仅容一人弯腰前行。步行至洞身中段，有一界石，人称"试金石"，此处只有卧倒爬行才可通过。行至洞底会发现其呈井形，约一米半深，能容纳五六个人站立，人们称其为"泊井"。据传说，黄龙洞与滴水门的水属一系，每逢雨季，连绵中雨过后，两股泉水就先后从滴水门和黄龙洞流淌出来，所以滴水门被称作"洞窗户"，据说"只要今年洞出水，来年村庄不缺水"。每逢雨季，村民都期盼水从洞中涌出。他们会相继到黄龙洞口烧香跪拜，香烟缭绕间仿佛神明降临，侧耳聆听村民祈祷祥风时雨。黄龙洞不仅是王金庄人心中的水源地，还是寄托人们期盼、与神明对话的场所。

龙泉沟

自五街村牌坊，沿奶奶顶向西眺望：近山与远山的轮廓交叠起伏，如若条条游龙。有龙伴春风登天，或携秋云潜渊；有龙随夏雾隐现，或顺冬雪踞盘。因龙聚居于此而得名"龙全沟"。每逢夏季，过"护国佑民"牌坊向西，顺着潺潺水声走出百步，便可寻至龙全沟脚下的黄龙洞，青白色泉水正自洞口喷流而出，顺地势向下翻涌至团结水库。老人们说龙王爷呼风唤雨，翻搅起四海云水，将甘甜清凉的泉水送于此，滋养起王金庄千百人口，因此当地百姓也称此沟为"龙泉沟"。

龙泉沟位于王金庄西北侧，主沟呈东南—西北走向，另包括茶臼峧、庙坡、庙三亩、小井坡、大南西坡、白玉顶磨盘垴、白玉顶奶奶庙，共八个地名、六个地段。龙泉沟向上至白玉顶奶奶庙，与滴水沟、小南洼及其前坡的山岭合为一体；下至大南西坡与小井坡下端，延至五街村头；西至大南古兵寨的寨坡东角；东至大南西坡的北角，紧接滴水沟南拽谷。龙泉沟分为南北两洼，其中南洼庙坡右角与中角相平行处，与北洼左角相接。

龙泉沟地势起伏大，石多土薄、石砟较多，仅庙三亩和龙泉沟第一块耕地土层较厚，为一类耕地，早些年还可以播种小麦，其他沟坡均为二类和三类耕地。因而此地玉米、谷子、高粱和各类油料作物，以及花椒、黑枣、核桃等经济作物较多，还常常能看到柴胡、连翘、知母、荆芥等野生中药材。

自五街村"护国佑民"牌坊处，便能直接看到北边的大南西坡——上端石崖林立，中部为梯田和坟地，下部则有村民盖了新房，与五街村紧紧相连。顺路往西，经过小井坡、龙泉沟而未过龙王庙，便可看到庙东一片平坦的大块梯田紧贴团结水库，据说有三亩之巨。如此面积的梯田块，在地势起伏、梯田遍布的王金庄并不常见，百姓便以"庙三亩"为此地命名。行至此处向北山眺望，未见奶奶庙，却遥见一条蜿蜒曲折的石阶道路盘山而上，直通白玉顶。顺此路攀登至半山腰，可见一片三角形地带上，有一处平整圆润的岩石，如磨盘一般安放在正角上，这便是到了"磨盘垴"。向上约50米有一座敞口灵官庙，还能见到两座石庵子。其中一座没有顶，据村中老人说，此座石庵子的顶曾经冲了驴，导致村里的驴离奇死亡，才不得不将其顶去掉。

白玉顶在曲折山路的尽头。山顶略下方有一段地势平缓的山岭，奶奶庙便坐落于此。"坐太山镇神州巍巍乎娲皇圣母，掌东岳灵应宫赫赫然碧霞元君"，庙前廊檐石柱上刻印的大字，彰示了其供奉的神仙。然而供奉于正中间的神像，村民则普遍认为是九奶奶：说是玉皇大帝张万顺（也有人说叫张友）在凡间原有七个女儿，飞升时不小心将邻家的两个女儿带上了天，便有了九个女儿。而这"九奶奶"，就是玉皇大帝最小的九女儿。那两侧的神像供奉的是谁呢？神婆说是眼光奶奶和送子奶奶，对应的是东岳大帝的二女儿佩霞元君和三女儿紫霞元君。如此一来，中间的神像则更应当是大女儿碧霞元君——儿童的守护之神，这也正应了庙前的对联。但不知从何时起，村民们口口相传，说庙里供奉的是九奶奶、送子奶奶和眼光奶奶三位尊神，而这白玉顶奶奶庙，就叫九奶奶庙。1990年庙宇重修时所立石碑有云：

> "娲皇圣母宇宙补天修地，然后地平天成。人得浡然而兴德配天地，功益帝王巍巍乎，民无得而润之矣。如我乡西旧有圣母巍灵赫然籍万众，龙神宝殿由来久矣，从前岂无好善之人？但胜地不显，虽逢圣会，托巫追修庙于山顶……"

每年的农历三月十五是奶奶顶庙会，待神婆爬上白玉顶将庙宇打扫干净，村委在山脚搭起红棚请来尊神，村民再将山路用旌幡与彩旗装点一番，伴着市集小贩的声声叫卖和村西戏班的阵阵锣鼓，安静的村庄被瞬间点燃。十五清晨，天将拂晓，村民在牌坊处拜过五道尊神，领一条红布系于身侧，早早踏上青石山路。白玉顶上青烟缭绕，那是争头香的香客许下心愿；庙旁的空地鼓吹喧阗，那是戏班子与村文艺队高歌叩响九重天。村民在主庙前举香期盼，或求喜得贵子、儿孙平安，或求风调雨顺、五谷丰登；而后将香竖直插入香炉，将纸钱工整放入功德箱，面对奶奶神像，虔诚俯身三叩首，奉上精心准备的贡食。时至正午，村民欣赏过庙南侧的文艺表演，拿上一口大碗、一双木筷，去庙北的厨房大锅口边，让师傅盛上满满一碗猪肉米饭或是鸡蛋卤面，带上烟酒和几个好友围坐石边，边吃边话，好不快活！十四、十五、十六，听戏、进香、赶集，山村终日盈满欢声笑语。村民不仅向神灵献上诚挚礼赞，更在这欢腾中愉悦心灵、慰劳身体，准备好投身于辛劳的春耕。

爬上白玉顶后转而向北行就到了茶臼峧。茶臼峧处于龙泉沟深处，山高沟浅，像沟像凹又像坡。下路上有一个石臼，据传为李氏祖上凿制。那时拥有石匠工具的人少之又少，能够凿出石臼便可举乡闻名。当地百姓常说"去石臼那干活"，说的便是来这里。又因当地人常称石臼为茶臼，此地因而得名茶臼峧。而庙坡处于龙泉沟和茶臼峧间的圪脸（两沟之间的凸起）之上，又恰处龙王庙西坡，因而得名庙坡。

岩凹沟

据传，明宣德八年（1433），村中一位叫王能的人为在饥荒中求活，带领全家在萝卜峧修建梯田，不出三年就修起三亩七分田。也许是修田的劳苦感动了神仙，连续几年天遂人愿、风调雨顺，王能的媳妇也顺利怀上了孩子。有一天正值收获之际，王能媳妇刚登至梯田石板檐下便觉一阵腹痛，意识到自己即将临产。王能立刻跑去将邻地收谷子的李婶叫来帮忙，顺利产下一子。因孩子出生在石板檐下，遂取名岩娃。多年之后，人们就把"岩娃"逐渐叫成了"岩凹"，此地便由此得名"岩凹沟"。

岩凹沟位于王金庄北偏东侧，共有南岩凹、前岩凹、后岩凹三条南北走向的沟，自南向北分列，均属于萝卜峧沟。其中前后岩凹沟南北相接，向南贴萝卜峧门，向北延伸至岩凹岭，向上至野山林，向下至萝卜峧渠河沟；南岩凹沟又称"南天门"，与前后岩凹分列于萝卜峧渠河沟南北两侧，紧邻苇子沟，南至靴子沟前脸。

前后岩凹虽共处于同一洼内，却也因地势海拔和土壤差异，致使耕地土质并不相同。前岩凹沟内主要为白沙土或黑土，土质疏松，土厚石少；同时梯田块平均面积较大，均为二类耕地，除了可以种植大部分粮食作物和蔬菜外，还能种植油葵、荏的、油菜等油料作物，以及柴胡、黄芩、荆芥等中药材。向上登至后岩凹沟则多为三类耕地，土层薄、石矸多，梯田块面积也因地势陡峭而小了许多，适宜种植的作物也限于谷子、高粱、豆类、蓖麻等耐旱品种。从沟内现存的经济作物数量及公共设施中也能窥见前后岩凹的耕地差距：前岩凹现有老柿树9棵、花椒树290棵，后岩凹则仅有花椒树120棵、椿树1棵；前岩凹坡角路有石庵子9座、水池1方、羊圈1座，还有坍塌多年的5~6米高的土堰（原土窑的遗址），而后岩凹则只剩4座路边石庵子。但有趣的是，前岩凹荒废的耕地多达44块，几乎是后岩凹的3倍！

说起岩凹，总会与修梯田挂上钩。那些在穷苦中以肉身凿山石的故事中，满是战天斗地的气魄和辛勤劳苦的坚毅。回望历史，自明代王能所在的王氏家族最早在此修建梯田，此后便接连浮现出一个个英雄般的人物，凿山填土，自救于贫苦。

20世纪，出生于二街村贫苦农民家庭的王全有成为修梯田

岩凹沟石刻

故事的新主人公。王全有在家中排行老三，兄妹共 6 人。1943 年，受尽贫穷之苦、经历了丧父之痛的王全有加入中国共产党，积极参加土地革命，并在中华人民共和国成立后带头支持创办互助组、初级社、高级社及人民公社。1965 年冬天，在毛泽东主席发出"农业学大寨"号召后，王全有将"向岩凹大进军"作为学大寨的具体行动，带领 200 多人的治山专业队，肩扛铁锤、钢钎进驻岩凹沟，劈山造田。因荒山坡陡，石厚土少，每遇一块地就得先垒两丈高、半里长的双层石堰，挑近万担土。

　　1965 年 12 月 7 日，大雪节气，天寒地冻，王全有带领治山专业队来到南岩凹沟，这里也因地势险要、峭壁林立而被当地人戏称为"南天门"。几位队员看到地势如此凶险，顿时毛骨悚然："别的地方不能修，偏偏来这个鬼地方。"王全有也清楚，必须稳定军心，方能扎根此地开山辟田："南天门高没有我们志气高，石头硬没有我们决心硬，天大的困难我们治山专业队也能克服！"他举拳高呼："攻下南天门，不获全胜绝不收兵！"王全

时任王金庄总支书记王全有
涉县农业农村局提供

修梯田队伍合影
涉县农业农村局提供

有组织王二汉、赵明堂、王全贵等几十个有经验的人员来排根基，制定了用绳索一端套住腰部、另一端固定在马机荸（山皂荚）上的施工规范。一次施工中王全有脚下踩着薄雪一直打滑，他便干脆将鞋脱下，用镢头一点点地将悬崖边上的冻石块削掉，用生铁铸造的榔头一锤一锤地砸。榔头砸坏了，手被震裂了，鲜血直流。

就这样，王全有以蚂蚁啃骨头的精神带领专业队苦战10年，以600工、日修1亩田的功夫，在岩凹沟、桃花岭等57条陡坡峻岭上垒起总长250千米的双层石堰，修梯田1200块，新修梯田410亩，"万里千担一亩田，青石板上创高产"也因此被传为佳话。为了实现山、水、林、田、路综合治理，王全有带领村民一边修田、一边栽树，并于1968年成立了由22人组成的林业专业队。经过20年封山育林，共植花椒树30万株、松树22万株，使村民的生产生活条件发生了根本性改变。这里也因此被联合国世界粮食计划署的评估专家称为"世界上治理得最好的一条沟"。如今，一座1986年由涉县县委、县政府授予王全有的"林业功臣"的石碑，正立于王金庄戏院大门外，诉说着这段英雄岁月里村民凿山开田、植树造林的故事。

古兵寨

都说王金庄风水好，四周青山环绕，躺居太行怀抱，有着极高的军事战略价值。自春秋点烽火见狼烟滚滚，到抗日战争时人喊人"传电杆"，那一座座山头便成了最佳的信息传达站。王金庄有四个古兵寨遗址，三个在村庄的南坡，一个在北坡。今虽已不见当年烽烟滚滚，却知其护佑横贯历史长河。

据史料记载，春秋末年（公元前514年），秦国为称霸天

鸟瞰梯田

下，组练强军向东拓展疆域，一路将战火燃烧至晋国，兵迫邯郸城下。晋国卿赵鞅（即赵简子，也称赵孟）为保全实力，便选择以退为进，率领部队向北撤至晋阳。路过涉县时看到王金庄至井店方圆数十里群峰错落林立，山洼处平坦开阔，可谓攻守平衡，便决定在此养精蓄锐扩充实力，建起了简子城，并在玉林井村前的大寨垴上操练兵马。兵精粮足之时便统军自王金庄越山至武安，夜行昼伏，以迅雷不及掩耳之势把秦兵击退，将邯郸夺回，一举建立赵国。王金庄现存的大南寨、南坡寨、上坡寨、康岩寨共四所古兵寨便是简子城四周的烽火台，仅有南坡寨曾充当过屯兵防御之所。后世为了保护四处兵寨，王金庄几个家族决定"分姓管理"，兵寨处于哪个家族的地，便由哪个家族负责修缮维护。四所兵寨也便因此改了名姓。

大南寨也叫李家寨，地处小北沟和茶臼崆相连的小山垴上，也就是大南沟北岔寨坡山，是最西侧的兵寨，四面悬崖峭壁。康岩寨也叫王家兵寨，处于康岩寨垴，是最东侧的兵寨，同样修建在南坡之上。南宋时期，民族英雄岳飞的部将王横曾在此山寨占山为王，故称"王横寨"。上坡寨位于上坡垴，是最北侧的兵寨，修建在北坡之上。历经几千年的沧桑岁月，这三座兵寨早已只剩断壁残垣，唯有柏树郁郁葱葱。而南坡古兵寨，也就是刘家寨，却别有一番风貌。

南坡寨在明代之后就被称为刘家寨，位于小南沟南坡垴，东西长 71 米，平均宽 19 米，总面积约 1349 平方米，后来属刘氏家族所有。每逢战乱，刘氏族人就带着全家老少到此寨中躲避。2018 年，四街村民李书林听从儿子和女婿的提议，自筹资金对此古兵寨进行了修复，使其历史风貌重现。

小南沟南坡垴位于五街与四街交界处，是刘姓家族的土地，一直以来都由刘家人管辖。那为何李家人却修起了刘家寨？带头翻修兵寨的李书林回忆说，他曾带着儿孙爬上王金庄四处兵寨眺望风景,唯独爬上此处时,见有青铜箭头散落泥土中,石寨墙挺直高耸,甚至有一间保留完好。他们认为此寨正处王金庄南坡正中心,无论是地理位置还是建筑规模,在春秋时期一定是四所兵寨中的核心——不仅仅是传递消息的烽火台,还是抵御外敌的第一道防线。抗日战争、解放战争时期,王金庄民兵也是在此山头,远望见敌人时便大声呼喊,一句接一句地传至百姓耳中。老百姓听闻便往坡上跑,找到石庵子钻进去,把石头堵住,得以逃过一次又一次扫荡。据传小南沟的许多石庵子都曾充当过刘伯承、邓小平、李雪峰等的指挥所。正是这些历史信息,勾起了他儿孙重修兵寨的念头。本是一介草民,李书林家里哪里来的那么多钱?他便与儿子、女婿三家协商,硬是凑出了两万元投入重建。"镇里的人也来看了,很感动。美国有人过来,台湾也有记者过来。要不是我恢复,这里边谁进不来人,都是乱石岗,长的植物都是带刺的。"李书林的言语中透露着自豪和欣慰。

踏上刘家寨,倚于寨墙,兵寨南侧群山耸立,北侧的王金庄安静祥和。这一瞬间,穿越感油然而生——兵寨外铁蹄斗马,烽烟滚滚腾空而起,兵寨内的村庄却依然炊烟袅袅、驴啼声声。

鸟瞰梯田

石堰梯田

二　　　　　垒堰筑田

文／赵天宇

王金庄地处巍巍太行东麓，坐落在四面环山的深谷兒里。直到 20 世纪 60 年代，这里的盐巴和灯油等基本生活用品还是靠骆驼、毛驴驮进来的。1979 年，随着"打隧道修公路"工程的落地，这座拥有悠久历史的小村庄才逐渐被山外世界所关注。

人们说，王金庄人出门就爬坡。其实不然，即使不出门，人也在山上，因为村子本身就立在山上，所谓"家家炕头筑山头，谁家枕头压山头"，就是这般情景。王金庄的山陡峭险峻，极不规则。房子虽低，村子却高，一直高进云彩里。"牛在天上叫，鸡在云中啼；地无三尺平，三里不同天"，便是这里最好的写照。

石堰梯田

实际上，仅凭太行山东麓的土壤基础和气候条件开展的农业生产还不足以养活越来越多的人口。面对恶劣的生态条件，王金庄先民并没有放弃这片土地。自迁徙至此的先民起，王金庄的智慧代代相传，不断以修建梯田的方式适应、改造这片山林。当地人在长期的生产实践中，根据气候与地理特点，在苍茫山脉间雕刻出了独特的旱作梯田景观。王金庄境内山地高低落差近 500 米，其中，山脚梯田相对地块大、土层厚。随着海拔升高，地块越来越窄小、土层越来越薄，最薄处的土壤厚度不足 20 厘米。当地兴建旱作梯田可追溯至元代初期，只是当时人口少、劳力匮乏，筑田进展缓慢而未成规模。后来，随着人口不断增加，筑田进度也在不断加快。到清代康乾年间，人口更是大幅度增加，村民得以一门心思地筑田造地，以扩展繁衍生息之基。据统计，修筑于康乾时期的梯田占现存梯田面积的三分之一。2014年，王金庄旱作梯田系统被国家农业农村部认定为第二批"中国重要农业文化遗产"。至 2021 年，王金庄有梯田 2 万余块，共

计 6554.72 万亩；做田埂之用的石堰长度近 1.5 万千米，平均 2
米高、1.5 米宽的双层石堰达 3000 多千米，有万里长城的一半之
长，被联合国世界粮食计划署专家称为"世界一大奇迹""中国第
二长城"。

　　站在山下往上看，满山都是石头砌的地堰；攀上山巅往下
看，层层梯田浩浩荡荡地连在一起。这些梯田围绕着村落，错落
有序而无边无际地沿着山脉"生长"。其中，有的坡面利用率高
达 90%，而最小的梯田面积甚至不足 1 平方米。再凑近一看，就
会发现石堰是梯田的基石。所谓石堰，就是用石头垒起的梯田田
埂，包括梯田外围的竖向墙壁和土壤底部的石块垫层。在形态上，
石堰类似于"反坡梯田"，具有较好的蓄水保土能力。只有在石
堰的拱卫下，当地人才得以通过梯田对山坡进行最大程度的利
用。在整修梯田的过程中，垒堰最关键，基本上堰垒成了，地也
就修成了。在石厚土薄、降雨极少的石灰岩山区，正是独具特色
的山地石堰梯田，为当地人提供了赖以生存的食物和经济基础。

　　只是王金庄山高路陡，修筑石堰时只能依赖人力，而极少能
用推车或驴搬运。小石块一人能勉强搬动，大的石头则需要多人
一起才能搬运。搬运大石头时，当地人用两条铁链将石头分别拴
在两根木杆上，需要十多人才能将石头成功从山上搬运下来。山
路难走，深一脚浅一脚，有时一根杆上只有两个人用得上劲，如
此一来，这块巨石的全部重量就会压在这两个人身上。以垒堰为
例，当地人拿着钢钎、铁锤等工具上山，用铁锹挖开泥土，以钢
钎做出支点，将石头撬出。开采出石头后，过大的石头推到沟底
砸碎，再用凿子进行加工修整。人们或用木棍杠抬、或用肩膀
扛、或用大手环抱，一块一块地把石头垒上堰。从搬运石头开
始，王金庄人不断发挥着自身的创造力，接受、适应并适当地改
造当地环境。

　　不过，这垒堰修地并非单纯的力气活。动工之初，有经验的

梯田上的奶奶顶山路

老农会先审地形，否则堰高了，渣土少填不满，从别处运不起；堰低了则渣土剩余，还得往远处运。能垒多高堰、能修几条地，都必须先核算清，做到心中有数，一般都是依山就势，"起高垫低"。人们在垒堆外围石壁时，将石头摆成横竖交错、相互咬合的结构。这种结构极其重要，每逢雨季，石块的咬合结构是抗击洪水的有效保证，不仅能让梯田免遭山洪侵害，同时也巩固了土壤，更重要的是，石块之间的缝隙可以储存少量的水分，逢旱季时就可以持续保持梯田土壤的湿润。如此，外围石壁通常是大块石头垒在根基，越往上石块越小，形成层间镶嵌样式，再逐层垒高，最后形成一米多高的石堰外围结构。当然，有的地形需要垒近两丈（1丈=3.33米）高的石堰才能把土挡住。

　　垒好堰后便可开始修地。当地石厚土薄，为了修成一块梯田，人们总是精打细算。首先，山坡上的土并非纯土，而是和石砟混合在一起，如果土里混着石头，那这块地就不能犁、不能种，所以必须要把这混合物挖开，用铁把耧出石块，再用铁筛筛出小石子。一般是最下面垫大石头，再将乱石和渣子等填进地里，紧接着在石头渣子上堆叠过滤好的土层，这样就形成了一块可用于耕作的田地。若土源充足，修的地土层就厚，反之就只能铺薄薄一层。无论如何，最薄的土层也不能薄于5寸（1寸=0.03米），否则日后依旧无法耕种。王金庄的土尤其金贵，当地人强调收工时不能把鞋里的土磕在地外边，这话不是夸张。

　　待垒堰修地一切规整后，这工程也不是一劳永逸了。虽说当地人垒堰时强调石块间的相互咬合以适量排水并储水，但若碰到某个多雨的夏季，连续几场雨就可以把这原本就缺少地表植被的山体浸透，堰边（当地称"堰豁"）会因此坍塌。加之在已经垒好几十年的梯田堰边多长小槐叶，这种灌木类植物繁殖力极强，与庄稼争肥争水，一旦连成片，1米以外的地块庄稼生长极受影响。因此每隔几年人们就得从堰边挖0.5~1米的深沟，重新垒

修梯田规划 　　　　　　　　　　砌坡垒农堰

女队员筛土 　　　　修梯田 　　　　　涉县农业农村局提供

堰，把堰垒好后，将小槐叶根除完，再把土填平，这样才能保证
地力得到较好的发挥。这是一项极为烦琐的劳动，村民们不辞劳
苦，常常冬闲变冬忙，起早贪黑忙碌在借以维系生命的梯田里。
因此，垒堰豁也成了王金庄人的农活之一。

　　垒堰豁，需要先挑离根基，从下往上垒起。挑离根基需要把
石头、渣土除到一边，垒时再将它们重新砌好，这样的工序无形
之中就多出了几倍的人力投入。因此，王金庄人采用了"悬空拱
券镶嵌"结构（当地称"石拱"）的搭建方式。清现场、挖腿基、
做模型、合龙口、垒券顶以及回填，搭建石拱一共有 6 个步骤，
但巧就巧在搭石拱不需要挑离根基，而是可以直接在坍塌的石头
渣土上垒起石拱，是一种省时省力的修复方式。根据石堰坍塌
的程度，采用的石拱分为单拱式与双拱式：如遇 4~5 米的坍塌，
采用单拱式；如坍塌范围扩大到 6~10 米，就需采用双拱结构。

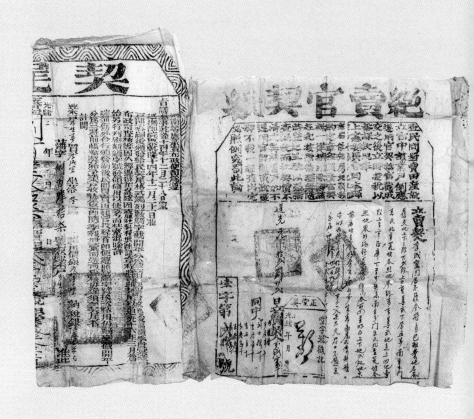

老地契

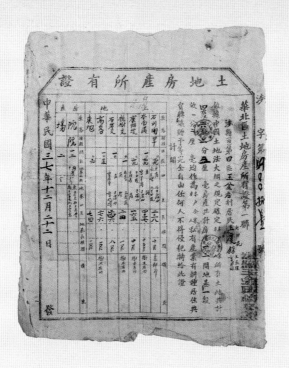

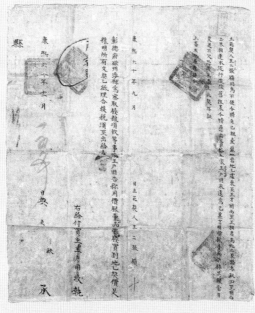

石堰梯田

总之，以石拱整修梯田的方式不仅可以应对施工场地狭小的情况，还节省了建筑材料和人力投入。

梯田修好后，如何界定其所有权是比较清楚的：荒坡是谁开的就归谁所有，多以沟、岭、路为界。地邻纠纷，多因"长树"而起。堰根长树有个不成文的规矩：犁地二牛杆绊住的为下块所有，绊不住的为上块所有。常常有农户为了争地力、争光照，自家地块中间不栽树，偏把树栽到相邻的堰根或堰边，如此便会产生纠纷。

还有一种形式的土地，当地人叫"垴荒"。原本修好的地是平整的，能用驴耕；而垴荒是在梯田上的陡坡所开垦的一小块儿地，几乎不成片。由于地形不规则，小块儿垴荒随地势修成上高下低的坡形地，石堰也跟着砌得很低；因高下不平，故不能用毛驴耕种，只能抡起镢头人工锄刨。集体化时期，严禁个人开垦梯田和垴荒。实行家庭联产承包责任制后，允许个人开荒，垴荒就被开到了"见缝插针"的地步，就连石崖上只能种一棵豆角的小平台甚至是一丝小石缝，也被开垦成垴荒。地势不齐而人力尽，从此，人们吃饱了肚子。

旧时，梯田需要转卖，与卖房子一样，经中间人说合，执笔人写成卖契，方可生效。由于王金庄土地匮乏，人们对梯田的兴建耕种、维修继承，代代都比较重视，祖辈言传身教以身作则，给下辈做榜样。尤其 1965—1973 年间，为了修好梯田，公社和村里大造舆论，广泛宣传，由教师带领中小学生在岩凹用石头摆成巨幅标语："向岩凹大进军"。沿路写遍了"学大寨，大干快上创高产"之类的标语。2016 年，在通向岩凹沟的路堰根多处，由石匠在青石上刻下的"胸中有朝阳，前进路上无阻挡""立下愚公移山志，誓让荒山变良田""书读毛主席的书，话听毛主席的话"等标语警句仍历历在目。通过这些，仍可寻到当年人们大修梯田的火热激情和不畏艰险的实干精神。

石梯与悬空拱券

　　除了石堰、田地，整个王金庄梯田系统不能忽视的还有那些不起眼的石头阶梯。这些阶梯多围绕在那些较高的、不方便上下的石堰边上，这是因为修复地堰时，石头需要重新由低到高、从下到上一层层垒砌起来，若是一人高的石堰或高至 1 丈甚至 2 丈的，石头根本没法直接托举上去；于是，王金庄人便采用搭建石梯子的方式。石梯子不仅为修葺时人扛着石头从堰根走向堰头提供了便利，也使人们在日常劳作时上下梯田更加方便。

　　其实，搭建石梯子与其他大动干戈的工程比起来几乎不值一提。但石梯子虽小，却也有讲究。建石梯子的时候每砌一层墙，就要安插一个长条石，让这长条石的一部分伸出墙外。接着按一定坡度，一块一块地安装石桩。随后扛起石头，踩着石桩，再往上垒一层。石桩一个个安好，地堰一层层加高，直至安上最后一个石桩、砌好最上面一层堰石。

　　石堰梯田的田块较为狭窄，在耕作过程中石堰容易发生坍塌。另外，当地每年七八月份洪涝灾害频发，石堰被洪水冲毁的

独步石梯

情况也频有发生。为了修复损毁的石堰，当地人创造性地发明了"悬空拱券"结构。在修复损毁的石堰时，先清理石堰坍塌处，收集石块，然后将坍塌处两侧的土挖出，找到石堰底部，并用小石块搭框架，垒建拱券的结构，接着用形状方正的石块放在拱券正中，这样一个悬空拱券就基本搭建完成了，最后只需要再在拱券上垒砌石堰，修复工作便可完成。根据实际需要，拱券下方可以回填石土，也可以作为田间储物与人畜休息的空间。此结构是石堰梯田修复技术的代表，既能保证石堰结构坚固，又充分利用了当地的石头资源。

石梯和悬空拱券反映的是王金庄人修筑万里石堰的艰苦卓绝，彰显的是王金庄人筚路启山林的精神，传承的是王金庄人世代维护生存根基之土地的智慧。面对土少石多的自然条件，当地人继承古老智慧与传统经验，充分利用当地石材资源，通过垒堰等方式实现石材在农业生产中的物尽其用，达到了在传统生产方式下高效利用土地资源的目的。

石庵子

石庵子，又作"石广子"（广，读 yǎn，甲骨文和金文的写法像屋墙屋顶，其含义是依山崖建造的房屋），是一种极具旱作梯田耕作特色的窝棚建筑。由于交通不便，山民只要一上梯田耕作，一天里有十几个小时便都是在田间度过的。为了方便休息、进餐以及躲避风雨，当地人便在梯田中修建了不少石庵子，"庵"就是"圆形小屋"的意思。石庵子小的面积有 2 平方米，大的有 3~4 平方米不等。庵子整体由石头建成，不用泥灰、不用木头，随山就势、就地取材，即使经过上百年的风吹雨打，依然矗立不倒，它在长期的劳动生产中自始至终都发挥着极其重要的作用。远远望去，一个个石庵子就像黑珍珠般镶嵌在梯田链上，美轮美奂，令人惊叹！

经调查，仅王金庄附近的大南沟南岔石崖沟就分布有 20 余座石庵子，大多是清代和民国时期修建完成的，在每个石庵子的洞门上依稀可以看到文字记载，记录着它的完工年月。这里的石庵子最早可追溯到咸丰四年（1854），字迹虽已模糊，整个主体却基本完好无损，屹立在海拔近千米的山地梯田边。除此以外，还有不少同治和光绪时期修建完成的石庵子，有的甚至从遗留文字上可了解具体到日的修建时间，如"光绪十一年正月三日立""光绪十一年十一月二十四日立""中华民国十一年五月六日立"。一个个石庵子修建日期历历在目，历史在更迭，但这些石庵子始终不变地为王金庄人遮风挡雨，它们是人们在梯田中的另一个家。时至今日，王金庄 24 条大沟依旧存留着的石庵子多达1159 个，具体分布如下所示。

王金庄 24 条大沟石庵子分布情况

小南东峧沟	小南沟	大南沟南岔	大南沟北岔	石井沟	滴水沟
21	71	59	50	32	39
大崖岭	石花沟	岭沟	倒峧沟	后峧沟	鸦喝水
11	18	109	48	41	86
石岩峧	有则水沟	桃花水大西沟	大桃花水	小桃花水	灰峧沟
37	42	38	17	66	73
萝卜峧沟	高峧沟	犁马峧沟	石流碳	康岩沟	青黄峧
124	12	112	9	29	15

石庵子分为两类，常见的就称为"明庵子"，多为当地农民还没开始修葺梯田就先建的石庵，以便日后修地时小憩或避雨之用。明庵子初看上去有些简陋，但它冬天不用扫雪，夏天不用糊

石腐子

石廒子内部结构及石顶

顶，经久耐用，小巧玲珑，浑然天成。另一种被称为"地庵子"，是边修梯田边就地形顺势而为所挖开的地洞。这样的地洞夏可避雨、冬可避寒，战时还能避乱。1942 年 5 月，日本侵略者对涉县进行九路围攻，时任边区政府主席李雪峰就曾在当地大南沟的一个地庵子里指挥乡亲们转移。同时，地下党员、民兵队长刘兰馨带领骨干民兵，在这地庵子中保存了整整十驮的军用物资；而多数村民就是靠它躲过了敌人的搜山。

在搭建石庵子前，需要精心选址。村民们都会尽量找地头路边和岭头山垴之地，这样一来搭建石庵子的地基平整坚固，可以保证庵子的稳定性；二来搭建在地势相对高的地方，可保证雨水能够顺势往低处流，庵子内不会积水。选址确定后，就开始着手搭建石庵子了。搭建工作多集中在农闲时节，毕竟建造一个完整的石庵子需要十余天才能完成。建材直接就地取材，满山遍野的石头便是当地人手中最好的材料。虽说石庵子的外部结构分为外墙与棚顶，但对所用石头的要求都是相同的，皆以坚固、耐风化为基本要求。其中，白云石最佳，青石次之。石庵子采用干砌石技术，不用木头与水泥，单纯依靠石头自身重量及石块接触面间的摩擦力保持稳定。

用作垒砌石庵子外墙的毛石大小不一，宽 40 厘米左右，有两个大致平行的面。当地人在建造石庵子时多会随身携带一把铁锤，以便将石头敲打成较为平整的形态。垒砌外墙时，底部会采用较大的石块以保证地基稳定。上下层毛石错缝搭叠，缝隙较大的石块间会用小石块嵌实。外墙高度多为 1~2 米，方便人们进出即可，石庵子门口多留在向阳避风处。此外，为了通风透气，在庵子除门面以外的三面墙上，多保留 8 寸见方的瞭望口。石庵子顶部为穹顶，内部中空，这样的设计在节省石料的同时扩大了石庵子的内部空间。

搭建这中空的穹顶可是一个技术活儿，有着特殊的技术要求。搭建庵顶的第一步是找 4 块长约 1.5 米、宽约 1 米的方形石板，分别倾斜 15°~20° 垒在外墙顶部的四个角处。以此四块方形石板为基础，取厚度为 5~10 厘米的片状石块层层累叠。上一层的石片压在下一层的缝隙上，每一层均成坡状，即使大小不一，但块块相掺，层层啮合。直到庵顶口剩下 40 厘米见方左右的空间时，便找来一块长宽约为 70 厘米的石片进行封顶，再找一块有造型的三角石垒在石片上，整个石庵子即建成。实际上，石庵子在建造之初便是主家周边梯田所属的人家紧密联系的起点，毕竟这项工程始终不是一件易事，特别是篷顶需要一次性完成，更是马虎不得。一个人建造石庵子比较困难，最少需 3 人一起建造，有时还会有更多的人前来帮工，这些人多数都是石庵子周围梯田的人。石庵子的建造从搬运石头、平整外墙到篷顶，都需要多人协作才能更好地完成。建造石庵子的村民在一次又一次的团队协作中，加强着彼此之间的联系。

地庵子的修建则属于为应对复杂地形所进行的土地衬平的农事活动。尽管石厚土薄是王金庄土壤的特点，但实际上有些地里石头的厚度根本不足以衬平一块地。加之有的地块高低不平，而对于旱作梯田而言，只有地平了才能渗水保墒。如果高低不平，水往低处流，高处存不住水，就会旱得长不出苗，低处形成洼地坑水多，容易塌堰豁。在缺少石头垫底板的情况下，就需要用石头砌堰、石板盖顶、建造地庵子。用地庵子空间作底板，再在地庵子顶上铺土成地，从而保证土地平整，还能保墒渗水。在较高的石堰里所建的地庵子空间较大，可供人们遮雨。但大多数情况下，地庵子空间并不大，为了节省空间只留个小口，人只能爬着进出；即使是门口大的地庵子，其深度也很浅。可以看出地庵子除了是为避雨，更是为了修地省工或节省石料。

旧时，多数石庵子建成后，人们还会在里墙糊一层泥，起到挡风与加固的作用。完整的石庵子内部设施也十分完备。为了满足休憩与饮食的需要，石庵子的内部设施首要便是石床以及与之配套的棉被和茅草；其次还备有石灶，用于生火煮饭，可谓"麻雀虽小，五脏俱全"。

石庵子是王金庄石堰梯田的起点。从历史上看，王金庄旱作梯田衍生出石庵子这一产物并不是偶然现象。随着人口的增多，依山而造的梯田随之增多，新修的梯田海拔变得更高、路程变得更远。加之石堰梯田的修建过程非一时一日之功，如若反复来往于梯田与家中，整个农事活动就得花去许多时间。为节省时间，当地人索性就在田间烹饪、休憩；加之即使每日风餐露宿，但人总归有遮风避雨的需求，如此一来，石庵子应运而生，成了王金庄人奔波于山林时赖以寄宿的家。当梯田修建结束后，石庵子仍留在原地，成为储存农具等生产资料和劳作间隙休息的重要场所。此外，石庵子虽然各有所属，但并不属于私人的物件，它同样可以为路过的人们遮风挡雨、提供休憩之处。石庵子不仅加强了当地人与这片山林之间的联系，也维系了在田间劳作的人们的关系。他们在这里休息、吃饭，坐在梯田旁看自己的劳动成果。住在石庵子里，节省了走路工，不用爬山越岭透支体力，提高了生产效率。可以说，石庵子在王金庄人的生产生活中长期发挥着极其重要的作用。

王金庄的石头虽多，但在土地里的每一块石头都应用得恰到好处，维系着王金庄人的生存。石堰梯田提高了王金庄土壤的利用率；建造在石堰梯田密集之处的石庵子，所到之人都可以使用，它就像是投入水中的石头，其荡起的波纹一圈又一圈，不停地激荡着以这片梯田为生的劳动者的生命。

石堰梯田

鸟瞰王金庄村

三　　　田下有村

文/尉韩旭

王金庄村坐落在太行山南段东麓群山环抱的一个沟谷上，形似一条金鱼静息河谷。受地势的影响，村民的房屋沿着东西向的谷地狭长分布，一层一层地向着南北两侧的山坡延伸。

王金庄是一个自然村落，包括从王金庄一街到王金庄五街共5个行政村。一街在村落的最东头，向西依次是二街、三街、四街，五街在最西头。5个行政村自东向西紧密相连，东西横距约4.5千米，南北纵距约5.5千米，总面积22.55平方千米。截至2020年，王金庄共有1487户、4679口人，可以说是一个名副其实的大村了。

五街一村

王金庄历史悠久，村周边的"古兵寨"遗址将这片土地的故事上溯至春秋战国时期，而村中现存的大石碾（周长15米，由十多块高0.5米、宽0.4米、长0.8米的石槽衔接而成）则印证，至少自宋朝起便有人居住于此。当然也有村民根据"对称的汉朝建筑风格遗址"和"椒房为汉朝皇后居所之称"等线索推断，汉朝时这里已然成村，但现存史料所记载的王金庄起源于元代"王金迁居"一说，更被普遍认可接受。据村志记载，至元十二年（1275），一位名叫王金的人因受到国法惩罚，自古邑北关迁逃至此，修盖庄舍建立王金庄；接着又有了陈、岳两姓一块儿在此掘荒。但在元末明初时，因连年战乱和瘟疫流行，乡民所剩无几。直到明初为开发中原，明太祖朱元璋组织了大规模的移民活动，王、曹两户由此从山西洪洞县迁来，王金庄获得新的生机。明朝中期，又有刘、李、张、付姓先后从井店、更乐移民至此；而到了清朝咸丰和光绪年间，赵姓、岳姓又分别从西坡、武安北阳邑迁徙过来，这才逐渐形成了如今的王金庄所有户氏家族

石屋

的雏形。当前的王金庄，王、曹、李、刘是大姓，所占人口较多：一街、二街多王姓，三街、四街多曹姓，而五街则多李姓、刘姓。

明嘉靖时期，王金庄村隶属河南彰德府磁州涉县龙山社第三里；到了清嘉庆四年（1799），王朝实行乡约制，分为王金庄、黄金庄两行政村，属井店乡约所（制定、实施乡约的场所叫乡约所），直至民国三十四年（1945）；1946年，两村合并，再次统称为王金庄。河北省人民政府成立后，将王金庄划归为由河北省邯郸专署涉县管辖。1953年，镇设95个乡，王金庄一村为一乡。1964年，涉县共辖28个人民公社，王金庄五个生产大队隶属于王金庄公社。其后无论是1984年的公社改乡，还是1996年的"撤乡并镇"，王金庄公社时期设立的五个生产大队一直延续下来，也就是如今的王金庄一街、二街、三街、四街与五街共5个行政村。

鸟瞰王金庄

涉县井店镇王金庄建设平面示意图　　　　1:4600

王金庄村居民区水井分布示意图

　　若是第一次进入王金庄，想要快速分辨出五条街的具体划分几乎是不可能的——五条街已经浑然融为一体、难分彼此。也只有世代在这里生活的人才能指着不起眼的那条沟、那座桥或是那两座房屋的间隔告诉你，这便是街与街的分界。然而在许久之前，各街并非紧密相连。《王金庄村志》记载："清以前一街、二街为一片，三街、四街为一片，五街为一片，中间几乎不相连。清中期以后随着人口的不断增加，逐渐连成了一块，但多是在河北坡。20世纪70年代以后，人们到河南坡盖房才多起来。"

　　历史上有关这五街成村还有一段小插曲，也就是上文提到的，清嘉庆四年时王金庄被分割成前村一街、二街的"王金庄"和后村三街、四街、五街的"黄金庄"。当时由于其他姓氏针对"王金庄"的称呼与王姓家族产生了矛盾，因此非王姓居多的三街、四街、五街便成立了"黄金庄"，而一街二街依然沿用"王金庄"，一直到1946年两个行政村才又重新合并成"王金庄"。然而这段历史的插曲仿佛并未影响王金庄各街村的社会关系，直到20世纪中后期，前村和后村之间还保留着定娃娃亲的规矩；而每逢有人盖房或是修缮公共场所，亦或举行庙会、转九曲等仪式活动，五个街村的百姓都会自发地参与其中。如今对于"王金庄"这个称呼，各个街村的人均引以为荣，仿佛他们一直以来就是如此。

王金庄地形地貌复杂，土壤、水资源稀缺，自然条件看起来并不宜居，却能养活这样一个人口规模庞大的村庄。三街的风水先生曾解释说，王金庄是一块宝地，金、木、水、火、土五行俱全：一街北边的山是"水行"，东边的是"土行"，东坡上还有一个"金行"，所以也叫"土腹藏金"；二街村委对面的山是"木行"；四街南边的山是"金行"；五街西边的山是"火行"。真可谓五行皆俱，保佑着这方土地。

风水学解释有它自己的依据，但若真的探讨其原因，大概是千百年来先人与自然和谐共生的智慧。从山上俯瞰王金庄，一片青灰色的石屋石院层层盘叠向上，在河道北面的房屋群中间有一条横贯东西的石板街。南北两山中间的街道以前是河道，预留在洪水期排洪所用，如今修成了水泥公路；在中间街道的南北两侧，从谷底沿山建有房屋。村庙在村落的东西两端，村落中间则分布着剧院和三街的曹氏祠堂。以王金庄居住区为核心向周边扩展修建梯田，整个村落都在梯田的包围之中，王金庄西边的梯田年代较远，东头的岩凹沟梯田是梯田里的年轻一代。

自村东头顺着井关路走到断桥，路两侧已然出现了王金庄一街和二街的新民居；接着左转顺着由河道改成的主干道向西，就能踏进王金庄。从纪念村书记王全有而修建的全有广场径直向前，便是关帝庙，其东边是一街村牌坊，也是石板街的东入口；西边紧挨着便是一街村委会。村口这片区域常以"关帝庙"命名，一来以关老爷镇守村寨、阻挡心存恶念之人，二来可提醒村民恪守正念、忠诚仁义——村里人一说"关帝庙口"，说的便是一街村东口。过了关帝庙口向西就是大碾坡，王金庄最大的石碾遗址坐落于此。再往西经过柳树街则是艳阳天广场，如今是较为

石屋与石路

有名的影视取景地，广场上的"进士娘娘碑"印证着其历史渊源。由此踏上石板街，途经二街多以姓氏命名的胡同小巷，顺着石板街继续向西，穿过场口街便到了椒房院，相传是古代的监狱及法庭，门外的墙上刻着各个朝代打官司的石碑。椒房院正对着椒房街，曹氏宗祠也坐落在此，东边是大胡同和小胡同，空间比较宽阔，形成了一个不小的"人市儿"。从早到晚，石阶上、门口旁、墙墩下总是簇拥着一群老人，或蹲或坐，谈天说地，研究着石刻国法，讨论着鸡毛蒜皮。

北院在三四街交界的石板街北侧，曾是豪门地主家的房屋。尽管门楼已经脱色严重，但三层斗拱的木制结构和镂空精雕花的额枋依旧彰显着其曾经的豪华。若是傍晚，夕阳的余晖为其披上金纱，便又增添了一丝历史的厚重与神秘感。老戏楼在南坡井河泉后面，正对着后峧沟，如今已经被人买走盖上了新民居。戏楼后是旧时的打谷场，现在变成了木匠的工作坊。五街剧院在五街村委会对面南坡处，每逢农历正月十五、三月十五奶奶顶庙会，从县里请来的专业剧团便在此唱戏给村民听，给女娲圣母、九奶奶听。过了剧院往西便是转九曲场地，每逢农历正月十五前后，这里便要摆开九曲黄河阵，祈福禳灾。到这里石板街便到了西边的尽头。

沿着河道走，穿过龙凤牌坊就踏上了山神庙路。往上沿着奶奶庙路登上磨盘垴便能看到奶奶庙。庙里有三尊神像，说是供奉的九奶奶，但无论是两侧对联"坐太山镇神州巍巍乎娲皇圣母，掌东岳灵应宫赫赫然碧霞元君"，还是石碑记载中都没有出现九奶奶，那些坐庙的神婆也讲不清楚。山顶上的奶奶庙俯瞰着村庄，南北两岸山侧面的梯田诉说着这里数百年的沧桑。站在庙前远眺，灰色的石屋层层叠叠，山侧的梯田嵌于坚石，山脚下的团结水库、黄龙洞与龙王庙尽收眼底，壮美的画卷让人心无杂念。

曹氏宗祠前的"人市儿"

石院、石屋与石具

宁静的拂晓，天刚蒙蒙亮。远山的轮廓若隐若现，山谷吹来的风静悄悄。石屋里的妇女刚刚起床，走进石院，睡眼惺忪地拾起一捆驴干草投进石槽，转身操起小石碾磨起面粉。驴蹄与石板清脆的撞击声渐行渐远，那是男人牵着驴去赶地，踏上铺满碎石的沟坡，踩着石堰云梯爬上自家的田，先把柴火和驴干草堆放进石庵子，又架起石锄把泥土从碎石块中翻上来。

坐落在太行群山脚下的王金庄被崇山峻岭怀抱，无论站在村里的哪个位置，放眼望去尽是劲石苍山。世代居住于此的人们利用丰富的石头资源，用一块块石头铺成石板路，建起石头屋，装上石门楼；搭起石堰石庵，造出石磨石碾，刻出石臼石笼……王金庄处处是石头，王金庄人的生活离不开石头，这里也因此被称为"石头博物馆"。

石屋是王金庄最具特色的民居样式。人们用石头建房，一方面充分利用了当地的石头资源，另一方面是因为山道蜿蜒、路径崎岖、交通不便，外来资源难以进入村庄。石屋的历史与村庄历史一样悠久，据考证，元代时王金庄人便开始建造石屋。在王金庄一街大碾坡内道，有一座保存了700多年的石头院子，始建于元代至元十二年（1275），是古邑北关王金到王金庄后建的故居。该院南北长15米，东西宽11米，面积165平方米。院落分北、南、东、西房，北房出檐，四梁八柱，双层墙体，纯青石结构，其他为普通配房，至今仍保存完整。除此之外，还有始建于明代、重建于民初的刘家大院，以及始建于清中期的张家四合院等。

元代初期，王金庄人建房多系四梁八柱，先立柱架梁，而后将山上运来的青石凿刻成块，以石打基，以石垒墙。墙体筑好后，檩上钉椽，抻上笆片，抹上泥后上青石片做瓦，用白灰与石子蓬顶。少数有钱人家则用青砖砌镶门和窗，屋檐前沿建有勾檐滴水，还会在主屋前墙横梁两端安装"小狮子"，以安定己宅、震慑妖魔。到了清代，房基和墙壁虽依然采用青石砌垒，但有钱人家会找来当地的木匠，用木材修建精致典雅的隔扇作为前墙。同时还会用木材修盖长出房体约4尺（1尺=0.33米）的檐椽与飞子，形成自下而上以生头木、檐风槫、檐椽、飞子与青瓦组成的层次结构，角梁外端以烧制套兽为饰点。

石屋正门是家户的门面，因此人们无论贫富，都会在正门处单独修建美观而牢固的门楼，其高低大小、砖瓦材质、彩绘文字也往往能够彰显出户主的财富、身份以及社会地位。门楼结构复杂，工艺难度高，素有"盖一门楼犹如盖三栋房"之说。门楼里外底部都装有横向石门槛，有些还会在外门槛两侧放上石墩子；大门两侧镶嵌的刻有对联字句或吉祥图案的立石称为竖亭，两竖亭上方对称布置着有精美雕花的压亭石，再往上便是向外侧突出作为拱木支撑的阴券，形似半个石拱；砖角位于压亭石上方，左右两砖角之间是两侧镂空雕花的额枋、刻有吉祥图案的立方木、上层的横方木以及向上层层盘列的斗拱木。这些石与木形状尺寸各异，但普遍精雕细琢：大户之家门楼多高大奢华；普通人家的门楼一般修建得相对矮小，装饰也更加简单。两边竖亭内侧各掏空一方形位，为门神之神龛，既是保佑家门，又时刻提醒进出之人修缮自身、不行恶事。形态各异的门楼彰显着各家户的贫富差距，也反映着王金庄人不同历史时期的文化状态。

从大门踏入，穿过门楼，便能清晰地环视整个石院。王金庄的石院多有三座房屋分列三个方向，与门楼正组成一个四方周正的"四合院"。少数富裕的人家建有五间房，除了三个方向各一座房外，正门两侧还各建有一座。其中主房一般是两层，一层住人，二层存粮。主房门口的一侧常常会修建一个神龛，或在石墙内掏洞，或以石、木搭建在墙外，供奉玉皇大帝、女娲圣母等神

石院

仙，祈求风调雨顺，幸福安康。厨房多位于主房一侧，也就是石院的东南或西北角，否则会有压到西南角"五鬼处"的不祥之兆。厨房旁边是驴棚、厕所，多放置在西南一角，或者建在屋外。有些房屋进门处为驴棚，其开口一般朝向正门，以防止驴蹄上的脏物被带入庭院内。为节省院内空间，有些家户会把驴棚单独建在正门外的厕所旁，更加方便堆肥。

然而，"老石头房漏雨""老房子层数低、空间小""儿子讨媳妇需要新房""年轻人喜欢住新房"……如今古老的石头房多已无法满足村民生活的需要，越来越多的石屋、古门楼倒下，取而代之的是红砖水泥的三层洋房。不知几多年后，村里人还能否记得石屋带给家户的那份温暖和累世的陪伴。

石院里除了民居建筑外，还常常能看到一些石质物具：方正而小开口的石鸡笼，盛着干草、喂驴的石槽，内凹、底部生满绿苔的石臼、被当成铺地砖的圆形石磨盘……如今石臼、石磨、石碾已经很少有家户还在使用了，但它们是王金庄传统粮食脱粒及

石碾盘　　石碾

石槽　　石臼

米面加工十分有代表性的农具。石臼又称茶臼，是长宽各 1 尺左右的长方体石块，中间凿凹成半球体的石坑，用来敲磨面粉、给谷子脱皮。石臼的用法十分简单，先是将谷物放进石臼中，用一根石杵上下捣击；捣击一阵后，把石臼坑里的谷物掏出来，用簸给箕筛去谷皮后，再一次放进石臼里捣。如此重复三四遍才能将小米粒与谷皮完全分离，效率并不高，还十分费劲。随着生产技术水平不断提高，石磨和石碾应运而生，逐渐代替了石臼。而石臼的功能则逐渐退化，成了捣豆浆、捣韭菜花甚至捣蒜的好工具。

石碾是一种用石头和木材等制作的传统农业生产工具，用于推面和小米脱粒。一般是由底部圆形的大碾盘、用来碾碎谷物的碾磙子、固定碾磙的木制碾框、作为碾磙轴心的碾管芯、一头穿在碾框用来推拉的碾棍、绑住牲口的驻嘴棍和牲口套具等组成。石碾能够通过人力、畜力甚至水力驱动，而在王金庄则多是用驴拉，使石质碾磙围绕碾管芯做圆周运动。而石磨的构造则简单得多，由两块尺寸相同的短圆柱形石块和底部接面粉用的石制磨盘构成，一般是架在石头或土坯等搭成的台子上。石碾可以用来加工米和面，但石磨只能推面，不能脱粒小米。除了用处的区别外，石碾的尺寸一般都较大，而石磨却可以做成各种尺寸。二街村景恋家至今还保留着一个小石磨，磨盘仅有头一般大，是她小时候磨豆浆、磨煎饼面用的。而王金庄最大、最早的石碾是一街村王申元门前建于元代的大石碾，此地也因此得名大碾台。大石碾不同于王金庄的普通石碾，由于体型巨大，碾盘由一节节石槽连接在一起形成环状，碾碌子是圆柱形石块，直径与普通石碾上的碾盘近似。由于石磨的功能局限，现在村中基本不用石磨进行加工，其功能逐渐被石碾所替代。

笨重硕大的石头器具映射着当地人的智慧，但随着柴油钢磨、电机钢磨的出现，石碾也逐渐被淘汰。现今，大石碾在一街村民盖房时已被拆除，石槽被当作地基打到了地底，垒在了台阶之下。原先的大碾台上还有一个石臼，现在成了铺路石，被嵌在大碾台北侧的道路上。尽管石碾不存，但一街大碾台已然变成了专供村人娱乐活动的文化场所：小孩在这里嬉戏打闹，大人们在这里谈天说地。石头总是变换着不一样的形式贯穿在王金庄人的生命之中，尽管已不再使用，但用当地老人的话来说，"埋在根基里，永远不会丢掉"。

石板街与晴雨石

若是大雨将至，天空变得阴沉，而你又恰好站在曹氏宗祠西侧的石板街岔路口，你会看到一块奇怪的石头：石面上布满细密的水珠，摸上去冰凉湿润，像是因害怕而冒出的冷汗。这块石头被村里人称为"晴雨石"，是能预测晴天或雨天的石头。艳阳高照时它的表面干燥；一旦要下雨，它便仿佛收到了雨神的信号一般变得潮湿。人们总是能通过这块石头的表面湿度来预测是否要下雨，它也因此得名"天气预报石"。

王金庄的雨在夏季格外集中，冬春季则常常干旱。有时夏天大雨倾盆，积水顺着村里东西向的水泥主干道，盖过路面向下急流，如同小河一般蜿蜒曲折向一街村赶去，像是提醒着人们这里曾经可是名副其实的河道！要是此时在路上走，那鞋子一定会透湿大半。然而对于村里曾经的主干道石板街来说，雨水便会"听话"许多。石板街中间内凹成宽近半米的平面，这样一来下落的雨水便汇集在路中间向下流去，路两侧则不会形成积水。

如今的石板街是王金庄最主要的道路之一，位于河道北岸，从一街一直向西延伸至五街，将整个王金庄串联起来——无论是串门走动的日常小事还是节庆迁居的礼俗大事，人们都要踏过石板街，它可谓王金庄的交通"大动脉"。然而据村民讲，石板街在2013年大力修建旅游业基础设施以前并不称为"石板街"，甚至不是东西贯穿相连。旧时石板街上的每一段都有诸如"里河外街""场口街"和"一行街"等不同的小地名，每个地名都指代一片区域。分街时总会把石板街上一条支路上的所有人家划分在一起，方便大队统计。然而随着旅游业的发展，外来参观王金庄的人逐渐增多，那些只有当地人才熟知的石板街小地名不免显得庞杂。为方便外来游客记忆，更为了集中展示文化意涵，王金庄便将这条青石砌成的长街统称"石板街"。

相传石板街的历史最早可以追溯到元代，和王金庄建村的日子相仿。由于"坐北朝南"的风水讲究，再加上北坡日照充足、地势平缓的自然因素，人们大多会在谷地北坡选择地方安家建房，选好位置后便要为运输建房材料而修路。石板街便是为最早搭建的那批房子而修建的运石路。那时人们修路只需要满足自家的建房需要，"各扫门前雪"，户与户门前修的路并不能相通。谁家门前的青石路更美观、青石板更大更宽、石板品质更好，就说明家户财富更足、社会地位更高。然而，随着外来人口的迁居和本村人口的自然增长，房屋越建越多，路也越修越密集。路的公共程度逐渐提高，人们不约而同地把自己家的路修汇到石板街上，久而久之，形成了以石板街为中心向南北扩展的错综复杂的公共道路网。值得一提的是，随着公共道路网日趋完善，各家户门前的青石板路已不再象征户主的身份地位，人们对精致美观的石头门楼以及多层砖楼瓦房有了新的追求。此时王金庄人普遍认为，谁家的房子修得越高、门楼越精致好看，谁家就越有钱。

中华人民共和国成立后，村里人决定重新修缮石板街。1952年县政府请来专业的道路规划师，在实地考察王金庄的情况后决定，依然采用当地最多的青石作为石板街路面材料，并请当地人进行施工。村里的能工巧匠们分工明确，凿刻青石、搬运石板、砌石为路，按照道路设计图共同将近2000米长的石板街修缮一新。新的石板街修筑了路中间近半米的青石凹面，用高5~8厘米的薄石板将两侧宽40厘米的青石路隔开，形成了自西向东顺畅的排水通道。除了排水功能外，石板街中间凹平的构造也是为了方便驴的行走，人走在青石板两侧，互不干扰。然而整个石板街宽不过一米半，仅能供一头毛驴驮着驮子单向而行，若是两驴相遇，一驴还得躲到胡同里，另一头驴才能通过。到1953年，王金庄分设五个生产大队，一街到五街开始分工管理、维护自己区域内的石板街。

石板街不仅承担着通行、排水之用，更是王金庄人交流接触、游戏互动的重要生活空间。"石屋、石房、石头墙，石板街里响叮当。街里碰面脸对脸，院里坐坐背靠墙。"午觉一过，太阳还挂在西南山头，石板街西头五街村委的广场上便会坐满老人，或下棋争艺，或晒阳聊天，有时没那么多交流，老人们便静坐着观望过路的行人。这时沿着石板街往东走，驴粪中略带干草

石板街

石梯

和泥土的气味逐渐扑面，便能看到有位妇女拿着驴粪叉子，把街上的颗颗驴粪叉起，撩到身后背的小竹筐中。每走到一个宽敞的小路口，比如曹氏宗祠那里，常有三五老人相聚，有的坐在石门台阶上，有的坐在石条上，垫着草帕，共话桑麻。等到夕阳西下，人们便会捧着饭碗不约而同走出家门，到石板街上随便找个石块一坐，开始和别人分享今天的见闻。小孩子先吃饱了，开始在长街上追逐打闹；年长的人在门楼石阶上抽着烟，回忆过去。

这么多年过去了，石板街上坚硬的青石被磨得光滑锃亮，见证着街上走过的一批又一批王金庄人。头顶繁星，走在石板街上，踏过前人踏过的路，在星星闪烁之时隐约间似能听到先人低语，仿佛看见他们曾经搬运一块又一块巨大的山石铺平成路，看见他们早起背着铁具去开建梯田，汗水滴落在青石板上，留在了石缝中。"光滑的石板都是我们王金庄人一步一步踩出来的"，"困难的日子就像这些石板一样，最终被我们打磨成光滑的样子"。这条街已经不仅仅是一条石头铺成的路，而是王金庄的地标，无论是艺术名家、专家学者，还是普通的外地游客，只要来到这里，便一定会踏上石板街，看看两侧的石头房子，摸摸光滑的青石。村里人看到这条司空见惯的石路被外人如此重视，那些石板凝结着的村落记忆也会不时迸发，激荡于心。随着河道填平成路，如今的石板街早已没了当初摩肩接踵、人驴共行的喧闹，但光滑的青石，却留下了一辈又一辈人的足迹。

水井与水窖

四街电器铺的对面立着一座凉亭，下面是一口水井，称"井河泉"。常常会有人来井边打水，把桶系在井口的铁钩上慢慢摇下去，打满整整两桶水后用力担起，临走时还不忘凑到小卖部门前聚集闲聊的人堆中说上几句。也常常会有几个妇女在井边打水洗衣，边聊家长里短，边揉搓衣服，笑声荡漾在空中。这口老井是四街大部分家户的重要水源，尽管许多人家已经通了更加便捷的自来水，但人们还是普遍觉得这里的水更干净、更好喝："用这儿的水做饭，格外香！"

水井是王金庄人重要的水源之一，也被看作是"最干净的水"，其次才是水窖水和自来水。相传一百多年前，王金庄一班十样景（吹鼓手）在关防乡西沟古台村带头打出了一眼人工水井"王八井"。那时涉县人民饱受干旱之苦，包括王金庄在内的许多村庄常年缺水，都是想尽办法打地表河水、收集雨水。一次王金庄的几个吹鼓手在外地演出，返回至古台村休息时，一名鼓手根据鼓里传来咚咚的流水声判断这片土地有丰富的地下水。于是一回到村里，几个鼓手便召集众人商议，定好位置后迅速组织打井队前去开挖。这一挖，还真挖出了泉水，不仅量大丰富，水质还格外清澈。周围村庄的村民一听王金庄开了口井，水又多又好，瞬间全都拥至这里争相打水。一开始人们碍于面子，还客气着排队取水，但后来，因一些村民插队抢水，其他人便也不再管顾，逐渐形成了哄抢井水的局面：每次打水，都要试着挤过井边围着的一层又一层的人墙，将几只水桶一齐抛进井里，井口周围的石头都被磨出十多条深沟。那些身强力壮的男人很快就能挤过别人把水打上来，因此这口井也被称为"好汉井"。

经历代挖凿，村中从一街到五街主干道两侧共有浅水井13眼，井深为10~20米。当前除已经废弃的两眼外，其他11口井在降水正常的年份均有水。村北边有山泉井11眼，一街村共有3眼井，南岸二街剧院东侧、北岸娘娘庙东侧艳阳天广场上的两眼浅水井便是村中现存最古老的井，旧时后面几街的村民都要来此处打水。根据井后墙上《进士娘娘庙碑记》的记载推测，南岸的那眼井至少在清代前便已启用，很可能是在明代挖成的，是当

艳阳天广场水井

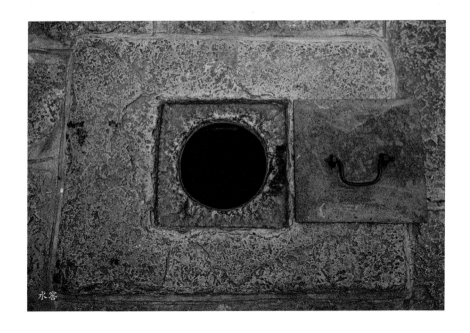

水窖

时全村人畜饮水的主要来源；而北侧艳阳天广场上的井则建于清嘉庆十年（1805），比南井晚一些，2.5 丈的井深也要比南井 6丈的深度浅一些。然而 1968—1975 年在毛泽东主席"水利是农业的命脉"的号召下，王金庄五个大队的村民集体行动，主要在南岸开挖共 10 眼 10~20 米深浅不等的浅水井，一街南侧的这口老井水源因此受到了影响。再加上 1970—1975 年 6 年大旱，南井的水并没有北井的旺盛。二街和三街分别有 3 眼井和 1 眼井，系上文"兴修水利"运动时打成，因此均分布在路南侧。四街村共有 3 眼井，其中南岸深约 1.5 米的浅水井，便是文章开头处提到的"井河泉"，至今仍是四街村居民重要的水源之一。井河泉平时水量旺盛，但如果遭遇大旱，水井就会枯竭。而四街北岸的2 眼井都是专业采井队打成的。五街仅有 1 口约 5 丈深的水井，位于南岸五街剧院西边，背后便是大南沟。尽管这口井的水量受降水的影响也比较大，但却使得五街村民不用再跑到四街甚至一街打水，一度极大方便了五街人的用水。如今这口井上的铁辘轳已经年久失修，却还能看见有人把水桶用细绳直接吊进井里打水。

尽管一街到五街都至少分别有一口井，但受限于降水十分不均的气候和浅水井受降水影响较大的特点，尤其到了春季，11口井根本无法满足王金庄人的用水需求，因此人们也常依赖家中的水窖来收集储存雨水。民居院里的水窖用石头垒成，坚固且密封，用于储存自然降水。水窖口一般仅1尺见方，但向下延伸至地底3米左右深、5米左右宽。其中的水经过自然静置，清可鉴人，可满足普通人家的生活用水需求。但若是论干净程度，井水则是其他任何水都无法替代的。日常生活中，去打水的村民看见井底泥沙多了便会自觉地去掏，维护水源洁净；井边打水也要讲究先来后到，若是出现哄抢，是要落人口实的。可能正是因为井水的稀缺，王金庄人对那一口口水井才更加饱含深情吧。

四　　　　　　　祖荫之下

文 / 张金垚

王金庄是个多姓村，因王金是最早来到此地开荒之人，而后王姓族人在此扎根生存，故此地被称为王金庄。后来，曹姓族人迁来，定居于后峧沟、岭沟，之后迁来的李姓、刘姓族人定居于大南沟、小南沟。而张姓、付姓、赵姓、岳姓等其他姓氏族人至此后，只能向王、曹、李、刘四大家族买房置地安居。

姓氏和宗族紧密联系在一起，宗祠是姓氏宗族文化外显的形式之一，习惯上多被称为家庙、祠堂，是供奉祖先神主（牌位）、宗族祭祀祖先的场所，被视作宗族的象征。王金庄也不例外，四大姓或有自己的祠堂，或有家族的族谱，这是其传续香火、凝聚族人的重要依据。

王氏家族

传说元末战乱使中原大地满目疮痍，人口凋敝。明洪武年间，为恢复农业生产，巩固王朝统治，政府推行了"四口之家留一，六口之家留二，八口之家留三"的按比例移民政策，王氏始祖王宽就此从山西平阳府洪洞县迁移到王金庄。据《涉县地名志》记载：

> "昔先王建都立国，州邑闾里，皆有来由，我村之立，由来久矣。名为王金庄谓乎？元时古邑北关，有王金巨富，好打不平，为民请愿减赋，触怒官府外迁，并无托足之地，回翔番顾，见此地崇山峻岭，空谷盖林，遂修庄盖舍，移而居焉。故曰王金庄也。后因皇粮逼累，去此适役，并偕陈岳二姓同往。斯时巷无居人，地属空闲旷野。自明时迁民占地，我祖王宽自洪洞迁井店槐池巷，后生三子，长王子章居城里，次王子忠居井店，三王子通镢荒于此，结绳记事，刀耕火种……"

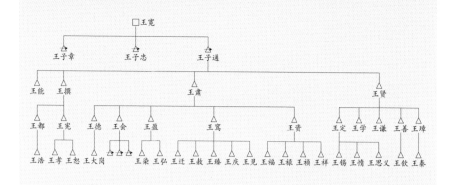

王氏前五世谱系表

说明：长幼顺序从上到下、从左到右。□为一世祖，同行表示同世。△男，⌐ 代际线条，△ 迁出王金庄。

先祖的故事不只有文字记载，后代子孙间口口相传也见证着沧海桑田，斗转星移。王金庄的历史，可追溯到元朝时的富户王金，清末民初此地有"黄金庄"的叫法，此前一直叫王金庄后西村。据"农民秀才"王林定讲，当时战争频繁，赋税繁重，王金从城邑来这里开荒种地，最初选择的定居地是村庄北面的燕子铺，如今还能看到石碾、石槽和水窖等遗址。而关于"王金庄"的选址与命名还有一段特别的缘由。

有一天，王金养的鸡打着鸣往虎头山跑，非要跑去那儿睡觉，即便被抓回来，仍要跑过去。正巧有个山东的风水先生路过，说这里将来要有个大村庄，王金见到他就问："你看看我住的地方是不是有什么问题，养的鸡就爱跑到这边睡觉，抓回去也还要跑过来。"风水先生回答说："鸡在这里睡觉，说明这里就适合住人，那边住人不安稳。"于是，王金将家搬到虎头山，在这儿盖了个庄子。之后，有亲戚朋友相约前来看望时常说："咱们去看看王金的那个庄子吧。"渐渐地就叫成王金庄了。

王金庄虽有七百多年的历史，但并非一开始就有如此规模和人气。《王金庄村志》记载："清以前一街、二街为一片，三街、

王□

父憲 王孝 生一子失其名

父憲 王恕 日□□□是

父德 王迁 生一子王金科

父盈 王弘 生一子王守金

父盈 王染 生一子王大金

父德 王大岗 生五子长金助次金贵三金库四金首五金现 要赵氏

王臻

王敖 敖臻庆见此四弟兄王中有□本邑数四村者不知几人迁去传说还数四村者必以西弟兄中之人

王庆 五世

王见

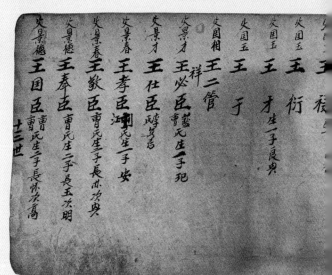

父国玉 王□

父国玉 王衍

父国玉 王才 生一子良奥

父国相 王于

父景才 王二管 祥

父景才 王必臣 曹氏生一子妃

父景春 王仕臣 □□等若

父景春 王孝臣 刘氏生一子安

父景春 王敦臣 曹氏生一子长水次奥

父景德 王奉臣 曹氏生二子长玉次明

父景德 王国臣 曹曹氏生二子长怀次高 十三世

王謀 都 生一子名洙
在甘肅後 王憲 生二子長李洙
在甘肅後 王德 墨趙氏 生一子名大崗
蕭 王會 生二子長洙不次弘 長大在為大山三天礼此譜不載
蕭 王盈 遇亡承嶺
主簿 王鸞 在官貝後 生五子長近贠教三蔡四慶 又王東他措 五見
父王賢 王贇 生三子長賜次惜三恩義
父王賢 王定 生四子長福次孫三禎四祥
父王賢 王學 無后
父王賢 王謙 無后

四街为一片，五街为一片，中间几乎不相连。清中期以后随着人口的不断增加，街坊便逐渐连成了一块，但多是在河的北坡。20 世纪 70 年代以后，人们到河的南坡盖房才多起来。"如今的一街村至五街村以村中原有的河道为中心依次排开，五条街已然浑然一体、难分彼此，只有世代在这里生活的人才能描述出五条街的划分：由于三街村付家胡同前有条"断头路"和几块麻地，便以此为分界线，东面是王金庄本村，居住的大部分都是王氏族人；西边则是王金庄后西村，各个姓氏后代混杂居住。清朝末年，后西村开始有"黄金庄"的叫法。据老人们说，最开始想用"皇金庄"一名，借"皇"可以管"王"之意，但由于当时仍有皇帝，为避免犯忌讳才改用"黄金庄"，这个名字一直沿用到涉县解放之后，1946 年两个村合并才有了现在的王金庄。

宗祠是一个家族精神传承的凝聚所在，是供奉、祭祀先人的场所。作为村内仅剩的两座姓氏宗祠之一，王氏祠堂与王氏家族的兴衰命运，与王金庄的生产生活紧密联系在一起。现存的王氏祠堂并非多年传承下来的那一座。原有祠堂位于一街村艳阳天广场的北边，有五间房，所用石柱高 3.8 米，上书"忠孝悌廉传家久世世秉承，仁义礼智振门风代代其昌"，开阔大气。在土地改革时祠堂被改建成民房，族谱因藏在墙洞里，得以存留下来。由于一街基本都是王氏族人，加之王金庄地少人多，所以改革开放之后并未购置新地重建宗祠，而是使用了原大队的公共用地。一楼供案，二楼办公，如此共存过一段时间，直到新村委会建好后将祠堂留作祭祀和仓储专用，2020 年还挂上了新的牌匾。虽然没有了旧祠堂的古朴精致，但新祠堂更加突出其实用功能，也承载着这个家族几百年来凝聚的"善勤慎虑""奋发图强"的家训精神。

走近王氏宗祠，紧闭的木门上张贴着"树发千枝根共本，江水源同流万派"的对联，平日里并不开放。阖族农历正月初一、

族谱
刘莉 摄

十五统一组织祭祀，所有族人都会赶来参与。虽然会共同祭祖，但王氏并没有当家人，给孩子取名时主要看长辈的文化程度，不再整个家族统一排辈，族谱也并非代代相传——王氏族谱10年小范围整理一次，20年大范围整理一次，一般是家族中有文化且热衷于此事的人负责，族谱的传承交接也视文化程度和个人兴趣而定，谁修订谁保存，负责修订的人在族谱中也都会有相应记载。从十八世开始，王氏闺女的姓名开始被写在族谱上。这一改革是为了打破原有重男轻女的思想，女人也是王氏家族的人，所以必须上家谱。700多年来，王姓已繁衍24代，438户，1448人。

在2003年续写的《王氏族谱》序中，十九世孙王树梁历数了族内的强人名士，在辈辈英才中有：明正德十二年（1517）双双考中进士的王和、王科孪生兄弟（王子忠后）；清乾隆年间，善于经商、足遍中原、数年闯荡成为富商阔贾的十二世孙王秀琦；肯于尚武陶志、寒练三九、暑练三伏的十四世至十六世孙王玉平、王玉珍、王有库、王步标等11名武举和武生；艺高胆大的能工巧匠十六世孙王步庆；工于丹青、妙笔传神的十六世孙王吉等。在抗日战争和解放战争时期，有南征北战、赴汤蹈火的王德顺、王义堂、王献廷、王大汗、王二汗、王廷武、王元顺等十数人；在和平建设时期，最值得族人自豪的是王全有（字献德），带领乡人改善生态环境，自力更生，艰苦奋斗，山、水、林、田、路综合治理20年，成绩斐然，被选为县革命委员会副主任、地委委员，并数度赴京，多次受到当时的中央领导毛泽东、周恩来等的接见，连续被选为全国第四、第五届人大代表。1986年，这位"太行愚公"被涉县人民政府授予"林业功臣"称号，并有碑记流传于世。

授予王全有同志林业功臣（碑记）

物无微著，竭能则益世；位无尊卑，尽职则留芳。邑人王全有，生于一九一二年。一九六五年加入中国共产党，曾任王金庄村党支部书记，二街大队长，并被选为第四、第五届全国人民代表大会代表，数度赴京参加会议。一九六四年以来，率乡民栉风沐雨，蹈雪披霜，餐山宿岭，节洞年穴，于村北岩凹修梯田六百五十余亩，栽椒树一万九千余棵。《河北日报》数次赞为"林业战线实干家"，中共涉县委员会、涉县人民政府于一九八三年悬匾授勋"林业功臣"。功臣一生，置名利于度外，付山岭以精诚，数十载辛劳，如一日短长，遂令翠满荒山，椒香野岭，泽在乡民，利及后代。一九八四年溘然辞世，方作后已，其功其德，劳牛汗马，抚今追昔，睹物怀人，乡民有心皆鉴，有口皆碑，今勒石铭记，惟冀后人为楷为模，砺情砺志，为家乡人民富庶，竭心竭力，尽责尽职。

中共涉县委员会　涉县人民政府

公元一九八六年九月一日立

曹氏家族

据《曹氏族谱》记载，王金庄村的曹氏高祖曹岱于明洪武元年（1368）由山西洪洞县迁来，先到曹家安淹水峧居住数月，视其地势偏僻，群峰对峙，恐后生存维艰，才移居王金庄后村（明代称西村）。高祖曹岱兄弟四人，分别名为江、湖、岱、海。长兄曹江居今武安市阳邑镇南丛井村，次兄曹湖居峰峰矿区和村镇曹庄村，四弟曹海居武安市淑村镇邵庄村。曹岱定居王金庄后生三子，长子曹质居王金庄，次子曹达迁居龙虎曹庄村，三子曹通迁居磁县南桥村。曹质留居王金庄，生明、春、整、宣、英五子。明、春、整居住王金庄二、三、四街，宣返居曹家安村，英随叔曹通移居磁县南桥。600多年以来已繁衍23代412户，

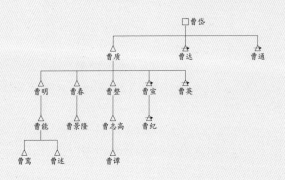

说明：长幼顺序从上到下、从左到右。□为一世祖，同
行表示同世。△男，┌─┐代际线条，△迁出王金庄。

曹氏前五世谱系表

1336口人，是王金庄村一大族，也是目前保留有宗祠的家族之一。

曹氏宗祠坐落在王金庄村的中心地带，顺着石板路走到椒房院附近，就会与一栋精巧的小楼相遇，门楼与对面的石墙以绳勾连，装饰着彩色剪纸寄托美好祝愿，四根木头大柱脚踩石墩，上衔彩绘门框，雕云画仙，撑起曹氏宗祠的门面，也为这座"灰扑扑的石头城"带来令人印象深刻的视觉亮点。祠堂旁边住着"守门人"曹同良，他自父亲手上接过祠堂钥匙，接过保管族谱的重任，成为曹氏家族兴衰的又一位见证者。据曹同良介绍，以前曹、王、刘、李家都有祠堂，后由于历史原因，其他三家的祠堂被卖给个人盖成民房，也就不能恢复，而曹氏祠堂得以保留，是因为当时祠堂拍卖公告贴出后，曹氏的一位长者将公告揭下，并向当时公社的领导建议：曹氏祠堂居于王金庄核心位置，可留下来作为村里的办公场所。曹氏祠堂遂被保留下来作为村公产，并先后用作村公所、冬学校、农业中学、合作医疗所、夜校等公用。1999年村公产拍卖，在三街曹爱良的组织下，曹氏阖族筹款将祠堂原址土地、房屋买回并重建。

曹氏宗祠门前

王金庄村曹氏祠堂重修碑文

　　曹氏宗庙于光绪五年始建，经清、民、共和国三个时代，迄今已一百二十余年久，岁月沧桑，宗庙历经风雨破旧不堪，曹氏子孙念先祖天高地厚之恩，自愿重修宗庙，旧貌换新，以尽后代孝心，重则教化后人承祖先之德，耀曹门之光，此为重建家庙之目的，先祖家世传闻高祖自大明洪武年间由山西洪洞县迁至此地，先在曹家安淹水峻暂住数月，观其地势偏僻，树水丛杂，恐后世发展，人丁难容，遂迁于此安村。据武、涉、磁三县县志查证，高祖曹岱排行四人，长门曹江定居武安阳邑镇南丛井村，次门曹湖定居峰峰矿区和村镇曹庄村，四门曹海定居武安市淑村镇邵庄村，我祖属三门曹岱，生三子质达通，长子留居此地，次子曹达迁往龙虎乡曹庄村，三子曹通迁往磁州南桥定居，吾门目前人丁兴旺，人才聚多，为承先人之志，遂刻石立碑而纪之。

公元 2000 年正月二十六日修

　　如今的曹氏祠堂为一幢二层小楼，其中一层为接待室，里面放有桌椅、电视，方便族人来宗祠时休息闲谈；墙上挂有和村镇

曹氏送来的"友谊长存"纪念牌匾，彰显曹氏不同分支当下的联系，其下为祠堂重建时唱戏庆祝的照片及族人合影，角落里还堆放着搭建戏台用的木板、幕布等工具。接待室及祠堂门楼旁的小房间兼具仓储功能，放置有锅碗瓢盆等厨房用具，以备族人红白喜事取用，门口两边各贴有红纸，记载着近年来族人捐款详情及款项用处公示。

顺着楼梯向上走，祠堂二层为纪念室，用以供奉族谱、祭拜祖先。曹氏家族共有三幅不同支系的族谱，"破四旧"时期藏在了房梁上得以保留下来，祭祀时由族里的年轻人张挂到墙上，平时则存放在箱子里。每年农历腊月二十三起祠堂就会开放，打扫卫生，贴上春联，拉上彩灯，纪念室的三面墙都会挂上族谱，族人们可自行选择时间携子孙前来祭拜，祭拜时举香对着三面墙叩首，由长辈向祖先介绍子孙后代，也告知小辈家族血脉来自何处，祖先如何称呼，一直到年后农历正月十八，祠堂才会关闭，重回静默。族内很少组织统一的祭祀仪式，多是小家庭里几个人都得空了就一起过来，除了过年期间，其他月份的农历初一和十五也偶尔有族人前来祭拜。平日里纪念室只堆放着年节时装饰用的灯笼，一律用红布遮盖保存，墙上只见各种挂物的孔洞。在纪念室右侧窗台上放着一只残缺的狮子油灯，据说原先存有一对，几经波折后只剩下它独自落灰，这个百余年前的造物，在灯笼制造愈加便捷、照明用具选择多样的今天，象征意义已远大于实际用途。

除了不同世代的关系姓名，族谱中还记载着清朝嘉庆年间，九世祖曹世魁创立了"三和堂"药店，这也是王金庄有文字记载的第一个医疗所。

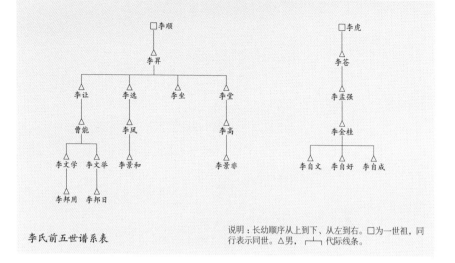

李氏前五世谱系表

说明：长幼顺序从上到下、从左到右。□为一世祖，同行表示同世。△男，⌐⌐ 代际线条。

李氏家族

明朝初期，李氏有一支族人从山西洪洞县迁至涉县井店，明中期时李氏高祖李顺、李虎迁来王金庄定居。李虎生一子名李苍，单传孟强，再单传金桂，有三子自文、自好、自成。李顺生一子叫李昇，李昇有四子分别为李让、李选、李坐、李堂。李坐无子，所以共有三个支脉。相传李虎和李昇曾针对姓李一事打过官司，但无果，只是李昇这一户族谱写得更清楚。500 多年间已传至十八世，296 户，985 口人。据李书吉讲，李氏族谱每 10 年重新整理一次，主要是为了核对旧人线索、加入新生族人，而现有的谱册只整理出四街村、五街村两份，三街村的支族族谱仍在整理中。

李氏家族目前并无宗祠，原来的祠堂已经售卖改建，从家族的公共用地变成了一家人的庇护之所。1949 年后，李家就不再有当家人或是族长，各家的事务自家处理，族人们也都各自祭祖，不过往往会连着祖父、曾祖、高祖几代一起祭拜。家族曾迁移了三座坟墓，以前人少，一家人大多都是葬在一起的，后来瓜

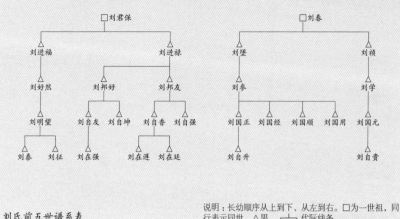

刘氏前五世谱系表

说明：长幼顺序从上到下、从左到右。□为一世祖，同行表示同世。△男，┌┐代际线条。

飕绵绵，原有的坟地容纳不下，如今已经分散开来。没有了宗祠，但李氏家族的坟地盖有一个小房子，由五街的李池良负责管理，过年、元宵节时一家人带着饼干、汤等供品前去，与祖先共度佳节，也寄托一份思念。

刘氏家族

王金庄的刘姓分为两支：明初有一支从辽县先到井店马荆坡，后又迁至玉林井，到明朝中期时一世祖刘君保携二世祖刘进福、刘进禄迁至王金庄，现有82户，280口人；另一支的一世祖为刘春，明中期自井店迁来，生二子，长子刘墜，次子刘祯，至今繁衍17代，现有121户，398口人。

据刘玉良讲，在刘氏先祖中，不仅有清朝乾隆年间的"八品耆宾"刘敬明这样的名医，也不乏流传久远的善事。清朝咸丰年间，后西村计划要建一座戏院，久未定下选址，村民刘善文和刘世来自告奋勇，各自贡献出了自家的一亩好地供建设戏楼，一直

日子
刘莉 摄

到家逢突变，不得已将土地转售，戏楼也随之消失在历史尘埃中。相较于其他几个大家族在王金庄稳定地扎根发芽，刘氏家族有一部分族人因年景不好外迁至山西左权县、黎城县。

刘氏家族没有固定的祖坟地，宗祠也在"文革"时被拍卖，所以刘家现在并无固定祭祀场所，没有宗祠。族谱每年由各家轮流保管，农历正月初一、十五会张挂起来，刘氏族人自行前来祭拜。

除了王、曹、李、刘四大姓氏家族，村内还有张、付、赵、岳四大姓氏，以及 77 姓外来媳妇。而今，人们已不再凭借家族来定义个人，与家族错综复杂的亲缘关系相比，地缘上的近邻更是建构乡民社会关系网络的情感力量。

石屋影壁

五　　　　　　　砌石为家

文 / 李志

置身于"石头城"，行走在光滑的青石板上，映入眼帘的是鳞次栉比的精美门楼。远而望之，房上是"姜太公在此"，房下是"泰山石敢当"。姜太公是镇压鬼神的神仙，以此镇宅可辟邪术、图吉利；泰山石敢当被当地人视为镇宅灵石，多置于墙隅街衢巷屋门前直冲之处，以此来阻挡妖邪，消灾避难。无论是"姜太公在此"还是"泰山石敢当"，都体现了王金庄村民的民间信仰观念。近而观之，石板街两侧的房子大多还保留着前清时期的样貌，以石为基，以石为墙，石片做瓦。通过房子的建材和门楼的装扮，大致可以看出这是一户普通人家还是富裕人家。普通人家全部用石头筑墙，白灰与石子蓬顶，主房多数为两层瓦房，门楼门庭只是简单的装饰；少数有钱人家则用青砖镶门雕窗，门楼门庭也进行了精心的打扮。虽然贫富外观差距显而易见，但是再普通的人家也是"麻雀虽小，五脏俱全"，房屋的建材、院落格局并无太大不同。

门楼门庭

在中国传统建筑中，门楼是建筑的脸面，既是连接内外空间的重要部位，又是宅主身份和地位的象征。在古代社会，等级制度决定了门楼的形状、大小、形态以及装饰。王侯将相通过门楼的装饰体现权力、展现富贵、彰显威严；商家大贾通过门楼、门庭的布置来显示财富地位；隐士乐者更是通过宅子的门楼、门庭空间传达淡泊名利的心境；就连普通的百姓人家也通过门的装饰来表达自己的美好愿望与期待。因此，在中国建筑中，门楼不单单是一个建筑，它是一门艺术，更是一种象征。

漫步于王金庄的街巷胡同，那些或单体高耸、或镶嵌于石墙的形制各异的门楼尤为惹人注目。每一座门楼都显示着宅主的社

慈应德

德星高照

万事如
福满门

一帆风顺年年好

砖木混合门楼

砖木混合门楼

会地位、经济实力、道德家风、文化修养乃至心理活动的轨迹。而造门匠人融象征、工艺和人情于一体的鬼斧神工，更是让这座村落无处不散发着古朴厚重的文化气息。透过这扇"门"，仿佛走进了王金庄的历史深处。

在传统文化理念中，门具有聚气、纳财的作用。当地人不仅本着牢固、美观、得体而建，还对此有着美好的寓意和寄托。按照主体结构材料划分，王金庄门楼建筑有木结构式和砖木混合式两种类型。木结构式门楼，通常为抬梁式，常挑出屋檐，屋檐上覆盖瓦片和走兽，屋檐下有额枋与外墙相接，有斗拱和木雕雀替等构件，常雕刻有精美的花草或祥云图案。砖木混合式门楼属于一种合建型门楼，一般门脸最高处不超过合建建筑的屋顶。因此这种门楼没有独立的屋顶和出挑的外檐，其整体结构主要为砖墙承重，门洞上方为木梁承重结构，外部木额枋仅起到装饰作用，额枋上雕刻花纹或绘有图案，门洞上方有砖雕或木纹装饰。

王金庄多数门楼由里外过门石、砚台石、竖亭（大门两侧镶砌底部的立石，正面多刻有对联字句或吉祥图案，也称迎风石）、压亭、阴券（形似石拱）等石制品组成，这些石头各有各的尺寸，皆加图案，尤其竖亭、压亭更是一丝不苟，精雕细琢，不是雕上"孔雀回头望牡丹""八洞神仙所用武器"（暗八洞），就是"松竹梅""麒麟送子"或名词名句。压亭上边是砖角，两砖角之间有立枋（古门楼上方立着的多刻吉祥图案的立木板）、横枋（古门楼口立枋上面的平木）、额枋、升、斗、拱（指古建筑挑檐下的木头结构，即在平枋上伸出二层或三层斗拱，也称二木、三木）等木质结构。正是由于门楼做工考究，且费时费力费钱，故王金庄素有"建一个门楼超盖三间房"之说。

门楼的高低大小、砖瓦材质、彩绘文字等，在封建社会都有规定，应与身份相符。大户之家的门楼高大奢华，多采用牡丹、鹿、狮子、鹤、祥云等纹样，象征着繁荣富贵；书香门第多用梅、兰、竹、菊等图案，以示品格高洁；普通人家的门楼一般修建得相对矮小，装饰也更加简单。竖亭上的石对联是王金庄各家各户装点门面的特色。最初石对联上并没有字，有的只是一些饱含吉祥寓意的图案——狮子代表吉祥，喜鹊代表传春报喜，荷花和掸瓶在一起代表和美平安；后来出现了以拓印名家手笔为主的文字对联，多有吉祥纳福之意。在大门的内侧两边各有一个神龛，为门神之位，有提醒进出之人修缮自身、不行恶事之意。

王金庄每家每户门楼门庭上都有题字或对联。题字按照类别可划分为六类，即品德修养、花草寓意、福气祝福、爱国事件、清雅别致和书香耕读。品德修养，如清慎勤、和为贵、德为邻、德为铭、谦受益、勤慎积；花草寓意，如松竹梅、松竹茂、松竹秀；福气祝福，如福禄寿、福前程、萃吉祥、新气清、福满门、笑春风、喜满门、紫气临、万福临、福善庆、康泰安、庆有余、祝三多、福增多、今胜昔、祥和至、祥和临、喜迎门；爱国事件，如兴中华、爱劳动、爱祖国、爱集体、学大寨、大跃进；清雅别致，如福贤居、福永居、祥云轩、迎祥居、向阳居、青莲居、福禄居、福林居、云晖堂；书香耕读，如翰墨香、兰室香、耕与读，等等。这些题字皆表达了丰富的传统文化意蕴和村民对美好生活的向往。门庭对联更是各具特色，表达山川秀美的，如"雨润山川秀，风和日月明""松篁千古秀，江河万年清""江山千古秀，松竹万年青""楼阁烟云里，山河锦绣中""山高红日远，海平映月圆"；颂扬家风美德的，如"旭日辉仁里，祥云护德门""承家多旧德，继世有清风""勤是安家宝，忍为处世方""能容德乃大，无私心自宽""无私功自高，不矜威自重""忠厚传家久，诗书继世长""容人须学海，积德若为山"；歌颂社会美好和对未来憧憬的，如"翰墨书盛世，丹青绘宏图"；感叹时光飞逝、似水流年的，如"流水当年怀往事，桃花依旧笑春风"。也许是与王金庄恶劣的自然环境有关，纵览王金庄门楼的题字和对联，更多的还是以颂扬诚信为主。这是祖先对后辈的谆谆教诲，也是家族永续的至理名言。

院落布局

王金庄的院落大多数系三间（主房和两侧各一座配房）式的四合院，部分还是两家以上合住，所以显得格外狭窄。少数富裕的人家建有五间头，极少有七间式。虽然院落空间有限，但依然讲究对称的建筑美学。一般多为"三裹三"结构，即两层住房，每层各为三间。大门两侧各有一间房屋，连同大门也是三间。主房两侧的配房各有三间。主房一般为双层建筑：一层住人，一般是长辈居住，主屋是整个院落里唯一有三层台阶的，意味着地位崇高，受到尊敬；二层存粮，当地人大多有存粮的习惯，普通的村民家里存粮一般都上千斤甚至上万斤。各家各户院落大门两侧的墙壁上，放置有两两相对的矩形的龛，当地人称为"门神庙"，逢年过节或者农历正月十五会在这里放置贡品或者点香，寄寓出入平安。不过现在门神庙的功能逐渐衰退，人们会在这里放置一些简单的物件，以图方便拿取。主房门口的左侧还建有一个"天地窑"，意在祈求天地神灵给全家带来风调雨顺、幸福安康。配房和大门两侧的房屋都是平房，有厨房、储物间，还有卧房。大门的一侧还有一间专门给驴或者骡子准备的房间。有的人家房子是三层结构，通常位于地下的一层，是专门给驴准备的房间，可见驴在当地人心中占有重要的地位。一间间石头房子排列有序，整齐利索，虽然院子狭小，但是四方周正。

王金庄缺土少水、旱涝频发，地下水埋藏较深、地表水奇缺，水资源条件极差。村里流传着这样的顺口溜："下雨满山流，干旱渴死牛。吃水比油贵，吃粮更发愁。"然而，生态环境如此脆弱的村庄有着独特的适应性智慧，水窖的建造便解决了村民的用水、吃水问题。因此，水窖的建造与选址是院落布局的关键。

水窖的修建工艺很是复杂。石匠李书魁说："宁盖三间房，也不修一个水窖。"足见修建水窖的人力、物力成本之高。通常盖房打地基时就要确定水窖的位置。水窖一般位于院子靠近大门的角落，整个院子有一定的倾斜度，一般主屋的方位比较高，大门的方位比较低，这样有利于蓄水。水窖蓄水量要尽量大，保证天旱时至少够吃两个月。一般先用石头将水窖砌好，再将红土和白灰按照3:7的比例和成糊状的"三七土"，涂抹于水窖内壁，具有防渗功能。早年为使水窖空间更大，修建时会将水窖口垒成拱券结构，即先用长条石头十字交错，再在交错的空隙处把石块交错垒起来，王金庄人把他们这项独有的工艺称为"扣篮心"。如今水窖与以往不同，多用线胶作底、水泥浇顶。

若逢雨天，村民们会先将院子、房顶清扫一遍，下雨时先打开院子对外的排水口，等雨水将院子冲净后再往水窖里蓄水。村民称水窖里的水为"无根水"，因为它是从天上下来的。雨水在水窖中经过沉降，更加洁净。水窖的取水口和进水口是分开的，取水口设置得略高一点，以保证吃水卫生。水窖进水口一般位于门口过门石（台阶）的北侧，排水口一般位于过门石的南侧，这样水便可以绕着台阶流出。王金庄俗话说，旁边是盘门水，水是财，沿门走，寓意富贵生财，水多财就多。

刘敬明宅前台阶旧事

石板街103号的宅子是乾隆年间的刘敬明所建，虽然历经将近三百年，但是门楼门庭依然保留着最初的模样，保留着门前的九阶青石板台阶。从门楼上精美镂空雕饰的八仙过海彩绘就能看出，这家宅子的主人在当地地位十分显赫。

庙院院落

民居石院

刘敬明宅前台阶

　　刘敬明是刘氏家族第九世祖，生于乾隆元年（1736），卒于道光六年（1826），生前为"八品耆宾"。乾隆年间，刘敬明与当地一位有权势的人因为一块滩涂地产生了地权纠纷，这件事闹到了县衙成了官司，不得不住在县城等待过堂。谁知遇到了县太爷的夫人难产，县太爷请了诸多名医都束手无策，万般无奈下只得张贴告示请高人医治。刘敬明先前在王金庄地界行医，有一些偏门土方，便前去揭榜，协助县太爷夫人顺利生产。县太爷后来得知他来此地的用意后，便详细调查了土地权的归属问题，的确是当地的无赖耍的小把戏。事后，为了表达感谢，县太爷不仅赐予他金银，还授他为"八品耆宾"。回到王金庄后，刘敬明便用赏来的金银在这片滩涂地上盖起了今天看到的这座宅子。为了保证宅子美观且坚固，刘敬明请了当地有名的石匠王凤成。这位匠人施工精细且严格，以至于进度缓慢，待到修建门前的台阶时，一天就只建了两个台阶，刘敬明的儿子刘永福嫌他工程太慢，想让他加快点速度。王凤成说，如果加快速度就难以保证施工质量。刘永福不以为然，并认为加快进度也不会差到哪去。王凤成便按照刘永福的要求，加快了修建速度，结果几百年后便出现了这样的情形——最开始修建的台阶完好如故，加快进度修建的台阶早已断裂变形。台阶鲜明的对比在今天仍然告诫着后人，做事情不能图快，慢工才能出好活。

南院北院

王金庄最负盛名的宅院当属四街村隔村落主干道相对而坐的南院与北院。主干道南边主房坐南、大门向北开的院为南院；主干道北方主屋坐北、大门向主干道而开的院为北院。这两座院子都是由刘书祥祖上所建，由于北院在村子所有的院落中面积最大，故又被称为刘家大院，而后被曹氏二兄弟所买，后被称为曹家大院。两座院落历经几代人的手，饱经风雨，在现代建筑的衬托下，更有沧桑之感。

沿着四街村南的石板路上行77步，便到了南院大门，再由此向上23步可达院内，总共100步台阶，寓意百寿百福。曹家南院坐南朝北，背靠太行梯田，尤为恢宏壮观，大门外墙用精致的大石垒砌而成，当地人称干合缝。大门位于门屋外墙正中，大门左右石墙上一溜排开6个拴马鼻子，可想当时其家业的殷实。石台阶两侧石刻石狮把门，护宅宝剑的大石竖庭，高大的古式门楼上布满了精美的木雕，有暗八仙，有和合二仙。两扇木门上各写一个"忠"字，用心形的图案圈起，门额上写着"懋厥修"。"懋"字本义有"勤奋、努力"的意思，可见房屋主人希望自己的后人也能够勤勉修习，把家族发扬光大。

进门过道的左右两边为驴圈，驴圈设在过道里是方便家人给驴添草加料。驴圈不进院内，以保证院内干净。过道外是几个精

南院门楼

美的木质廊柱，廊柱由山石制造的柱座顶起，廊柱前是一面木质影壁墙，影壁墙正中上下雕着十字形木头花朵。正门只有重大节日、有重要客人来访、家庭有重要活动时方可打开，日常进出院要绕过影壁。四合院为下石上砖结构，开阔宽敞，房屋分上下两层，下面一层住人，上面一层存放粮食。青石铺院，青砖铺地，古色古香，煞是整洁。

沿四街村北边的石板路上行三四十步便到了北院大门。曹家北院坐北朝南，门前是一处同时期修建的石碾子，现在依然能够使用。大门外墙的建材、建造技艺与房屋的总体布局同南院别无二致，都是大石垒砌且雕刻精细，进门后两侧为驴圈，廊柱前是一面木质影壁，影壁墙上雕刻着精美的木质花朵。北院和南院相比除了面积大之外，那便是门楼门庭的差别了。北院门楼全部为木雕构件，重檐斗拱，雀替垂花，繁复精致，美轮美奂。大门上方的门额上写着"清慎勤"三个字，寓意清廉、谨慎、勤勉，这也是宅主对子孙后代寄予的期望。竖亭上雕刻着插着荷花的精美花瓶，压亭上雕刻着威武的狮子，寓意和美平安、事事如意。

南院、北院原本是刘书祥祖上于明代所建，历经明、清两代后破败，后于民国初重建。1940 年 3 月涉县全境解放后，王金庄村公所由北小院迁至北院办公。日军扫荡期间，李雪峰、薄一波、王维刚率太行区党委、晋冀鲁豫边区政府、中共太行五地委机关常到北院办公。1942 年 5 月，八路军前总指挥部、一二九师政治部、司令部机关被 15 000 个日军"铁壁合围"，几经周折撤到王金庄村后，彭德怀、刘伯承、邓小平在此院指挥所属部队进行反扫荡。

1947 年刘书祥在北京上大学，听说解放区颁布了《土地法大纲》，要进行土地改革，他便匆忙从北京跑回家乡，张贴告示拍卖南北两院，其中南院 8 万大洋、北院 16 万大洋。当时四街的曹林斗、曹文斗两兄弟和同村的曹生玉是村里栽种花椒的大

南院大门

户，栽种的花椒产量和品质都较高。曹林斗、曹文斗兄弟俩还是经商的好手，每年收获的花椒都不急着卖，只为等待好价钱的时候再出手。开始几年花椒不多，他们就用席条在楼上圈起来，后来花椒越来越多，便堆到楼板上，以至于堵得人都过不去。不得不说，曹氏二兄弟得到了老天的眷顾。刘书祥准备拍卖两处院子那年，恰好赶上花椒涨价，两兄弟便把花椒都卖了，再加上后来卖粮食和一处地的钱，凑够了16万大洋，于是便揭榜将北院买了下来。曹生玉一样，也是在那年将花椒全部卖掉后凑够了8万大洋买下了南院。从此南院、北院易主。

南院如今是王巧勤的家，是农家乐"金庄南驿"所在地。北院有四户人家共处一院，分别是曹庆雷、曹土海、曹彦海、曹茂魁，他们都是曹林斗、曹文斗两兄弟的后代。

北院门楼

冷暖
温汉和 摄

半个家当

在王金庄，早在几百年前建村之际，修建梯田之时，便有了毛驴的身影。民国时期，王金庄养驴较多，骡子次之，牛、马较少，饲养户占全村人口的二分之一。到合作化期间，全村共有毛驴280头，每个生产队有10至20头不等。到21世纪初，村内毛驴的数量更是达到顶峰，几乎家家户户都有一头驴。村庄为毛驴进行了诸多空间改造，当一家人考虑盖房子时，毛驴的住所早已被纳入房屋修建的格局之列，不是在大门的一侧修建一个驴舍，就是在负一层盖一个驴棚。令人难以想象，石板街中间的路竟是"驴道"，专供牲口往来使用。在北方，冬至有"不吃饺子冻耳朵"的习俗说法，然而在王金庄，冬至是毛驴的生日，这一天是王金庄人特别为毛驴设定的节日，村民们会为驴做一顿丰盛的"大餐"，犒劳这一年来毛驴为家里的春种秋收和日常生活所付出的辛劳。故而当地人把毛驴看作"半家子人""半个家当"。在他们的观念里，没有毛驴，就没有王金庄梯田，也就没有王金庄村。

王金庄独特的地理位置和艰苦的生境条件，决定了这里不可能有机械化的生产，要想生存，人们只能依赖自己勤劳的双手。然而，群山环抱的王金庄村每个家户的耕作地块多而琐碎，24条大沟均有分布，村民们不仅要面对落差较大且分散化的耕地，还要在往返田间的路途中付出更多时间和体力。其中离自家耕地较近的农户需要步行半小时到达，最远的则每天有将近4个小时都在路上。面对如此严苛的生境状态，村民需要选择最为适合的牲畜辅助劳动。常见的牲畜，诸如牛、马、驴、骡，在当地都曾使用过，但先辈经过长期的生产生活实践，筛掉了爬坡能力弱的牛和马，留下了爬坡能力强且体力充沛的驴和骡子。久而久之，毛驴和骡子成为王金庄不可或缺的成员。至于毛驴和骡子的选择，不同人家会有不同的喜好。毛驴脾气温顺，吃得少且好调教；骡子吃得多，力气大，但是爱记仇，如果不能将它驯得服服帖帖，那你只能被它降服。

王金庄村民祖祖辈辈一年四季与毛驴为伴，其中最吸引人目光的莫过于晨光熹微之际或日暮西垂之时，那一幅向日而行或背日而归，行走在梯田上的人驴相伴图。清晨，太阳刚刚在太行山的掩映下露头，温柔的阳光洒落在人们的脸上和毛驴的头上，这样一幅上山做活的图景，好像一位位虔诚的信徒前往神山朝圣的场景。而夕阳西下，太阳即将消失在天边之际，阳光洒在人和毛驴的后背上，又好像经过了神圣的洗礼，满载幸福而归……王金庄人跟驴的感情是在每一天生产、生活的陪伴中积累的，驴是家里的一口人，不再是牲畜，是童年的玩伴，中年的陪伴，老年的相伴。人们为了感谢驴这一年为家庭的付出，将每年的冬至视为驴的生日，以往在条件不太好的年代，人们自己可能都吃不上太好的粮食，也要为自己的驴煮上一碗面条，犒劳驴的贡献。如今人们的生活水平提高了，驴吃的自然也比以往好，不再特意喂驴好吃的来给它过生日了，但是每年的冬至日是驴的生日始终铭刻在每个王金庄人的心中，对驴的爱更是印刻在了他们与驴每天相伴的行动中。

卖驴的愧疚

刘振梅，1967 年生。她们家的毛驴是在她的二闺女 3 岁时候买的，当时那头毛驴 7 个月大，经过一番调教后，它不光能去山上干农活，还能帮着家里盖房子。2001 年，振梅把老房子周边的几块地买了下来，打算扩建新房子，这头还没完全长大的毛驴便成了盖房子的担纲者。由于房子建在半山腰上，大型器械没办法将砖瓦、泥沙运到门前，只能放置在山脚下的主干道上，是她们家的小毛驴一粒粒沙、一块块砖、一片片瓦驮上来的，人一天往返 20 多遭尚且累得抬不起腿，何况不大点的毛驴驮着近百斤的泥沙往返 20 多次。这座宅子的落成，多亏了毛驴，它是这个家的大功臣。振梅踩在一块块地砖上、摸到每一处墙时，总能想到是毛驴带上来的，心里就会对它充满感激。

振梅的二闺女是跟毛驴一起长大的，没事就会来摸摸它，个子矮够不到槽，就蹬着凳子给它添草，驴也喜欢被二闺女摸，就这样二闺女跟驴的感情日益深厚。

后来，随着家里孩子增多，振梅和丈夫不得不出去打工补贴家用，就这样白天上班时，把毛驴拴在山上，晚上下班回来再把毛驴牵回来。虽然喂了毛驴十几年，每天都生活在一起，但看它日渐消瘦，振梅心里过意不去，为了让它健康成长，不得不放手给它找一户好人家。

振梅卖掉这头毛驴时，二闺女正在上初中，回来后发现毛驴不见了，便一直躲在屋里哭，虽然知道卖掉它是迫不得已，是为了它好，但是心里还是埋怨振梅。有一天，振梅和二闺女在院子里做活，听见门口有毛驴踱步的声音，却没有发出声响，由于门口种着豆角，她担心别人家脱缰的毛驴给吃了，便让二闺女出来看看是什么情况。二闺女立马认出这是她们家的毛驴，却不敢相信自己眼睛，就惊呼让振梅出来看看。喂了十几年的毛驴怎么能不认识，母女俩就瞧着驴，驴瞧着她们，两人赶忙上去摸了摸。等回院子里拿出一些吃的想喂喂这位"不速之客"时，毛驴的新主人已经把它牵走了。想起与毛驴度过的日日夜夜，母女俩都哭了。这是过了十几年后，驴自己找来的。它应该是在山上干活的时候脱缰了，然后循着路自己跑来了，毕竟这条回家的路是它再熟悉不过的了。毛驴自己找回家的举动，激起了刘振梅的回忆，更激发了她藏在心底深处的愧疚。想到当初卖掉它的时候，它房间里囤的草料还没吃完，想到自己住的房子是它一步一步驮出来的，想到自己和丈夫忙于打工，对它疏于照料，想到它十几年还能记得回家的路，振梅再也抑制不住内心的情感。不管过多长时间，每当看到毛驴用过的鞍子，振梅心里总会抑制不住地难过。

人驴相伴

这样的故事在王金庄不是个例，几乎每一位村民都有与驴的故事。

献给毛驴的三首悼词

王林定，1961年生。打记事起他就跟毛驴打交道了。林定驯毛驴非常有门道，即使是一头倔驴，经他手调教，也能变得温顺听话且极富灵性。他家的毛驴养了二十四年，是母亲在世时买来的，那时候毛驴非常小，还没断奶，母亲便找奶水给它喝。因此，这头毛驴跟他母亲感情很深。母亲行将去世时，便一直念叨着这头驴。母亲去世以后，他将母亲的坟地安置在有则水，那是林定的祖坟。为了给母亲圈地，林定很早就在家着手安排，在驴圈旁边干活边叨叨着说咱们去有则水，给驴驮上水泥便走出家门。这头驴一生都没去过有则水这个地方，林定也没在路上吆喝过如何去，但是这头毛驴却自己沿着路道到坟地那了。如果按照迷信的说法，那就是毛驴在感谢林定的母亲，驴是在尽孝，好像是他母亲在冥冥中指挥它一样。

而今提起这头毛驴，林定对它充满了愧疚。那年村里需要林定负责写公告并张贴，他不想误这件工作，干完农活急忙给驴驮了一堆柴火，且一路着急往家赶，回来后毛驴累得满身是汗。因为着急去写公告，他便把毛驴放在路口，没让它进家，那天恰巧刮大风，毛驴就这样被吹了半天。林定忙完回来后，还喂它吃了南瓜。这件事他本没有多想，直到有一天去地里干活，林定发现毛驴上坡时浑身发抖，身体有点僵硬，东西也不再吃，水也不喝，他便找来当地的兽医，诊断结果说是中风了。中风的原因就是那天它出汗，在风口吹了半天风，且回来还吃了性凉的南瓜。虽然兽医给开了药，但药已无法发挥效用，再加上毛驴已经年迈，大罗神仙也无力回天。于是兽医就建议林定趁它死之前把它卖掉，还能多得一些钱。于是，林定找来驴贩子，谈好了价格。毛驴知道自己病了，快不行了，林定当时就在驴槽那站着，毛驴也注视着林定，眼睛里含着泪水。毛驴应该是看到林定在跟驴贩子谈价格，也知道啥意思，即使身体难受，也没有卧下。死驴卖不了钱，只有活着价格才会高一点。直到林定跟驴贩子谈好价钱，签订好协议后，毛驴才安心地倒了下去。后知后觉的林定想到以前自己快到家时毛驴跟自己打招呼，想到外人来家时，毛驴发出声音以示提醒，想到它与自己约定的喝水吃饭信号，想到毛驴离开时注视他的眼神，想到为了让自己卖个好价钱拖着病重的身躯不曾卧倒，想到自己的疏忽让毛驴置身于风口，愧疚与感动交织在心头，五味杂陈，再也抑制不住自己的眼泪。毛驴陪伴林定大半生，为了纪念毛驴，林定写了三首悼词，希望它能够投胎到好的归宿。

在王金庄，每一位村民都有一连串有关毛驴的记忆，在这里，人的生命与驴的生命早已交织在一起。梯田上的毛驴和石屋里的主人不知换了多少代，但人与驴之间的情感却始终未变。

家里的驴宝贝
刘莉 摄

谷子

六　　　　　　　　山地农耕

文/汪德辉

王金庄的梯田主要分布在村周围的桃花水、大西沟等俗称的"二十四条大沟，一百二十条小沟，四垴五坡八岭"上。梯田、石庵子、水窖、作物、毛驴与村民的生产生活互融共生，共同建构起可持续的旱作农业生态系统。在长期的发展中，人们充分利用当地丰富的食物资源，通过"藏粮于地"的农耕智慧，使得石厚土薄、旱涝多发的山区，即使在大灾之年也能人口不减，从而维持了地方社会的延续。

播厥百谷

王金庄梯田广袤，四季分明，农林作物丰富多样。每年春播之时，村民都会种上各种各样的作物，这样即使一些作物的收成受到影响，也不至于绝收，"种有百类不靠天"是村民应对旱涝灾害的有力武器，这里的"百"是虚数，但作物多样性却是实实在在的。具体而言，当地粮食作物以谷子（小米）、玉米、豆类等秋粮为主，另有小麦、高粱、红薯、黍等少量种植。20世纪90年代前，"糠菜半年粮"是王金庄日常生活最显著的特征，除了粮食作物，蔬菜也是当地重要的食物来源。村民种植的蔬菜有土豆、南瓜、豆角、红萝卜、白萝卜、大葱、西红柿、青椒、大白菜等30余种。在蔬菜产出较少时，村民会在梯田里和山上寻找各种野菜补充所需。野菜的品种很多，有杏仁菜（学名"苋菜"）、蒲公英、马齿苋等20余种。如今生活条件已大为改善，但村民仍保持着采吃野菜的习惯。王金庄主要经济作物有油料作物、中草药、林果等。油料作物以芝麻、落花生、荏的、蓖麻为主；中草药以柴胡和连翘等为主；林果以花椒、柿子、核桃最负盛名。王金庄人生活在太行山深处，独特的环境和当地人的生存智慧造就了作物的丰富多样，也使得他们得以享受最健康和美味的食物资源，这是大自然对他们的馈赠。

作物的多样性及种植选择与其土地特质有密切关系。王金庄地形多样，土地的类别也很多元。以光照条件对其进行最简单的二元划分，山就有阳坡和阴坡之分。阴阳之间并没有分明的界线，阴阳交汇的中间地带在当地的俗语中被称为"两两坡"。还可根据与村庄的相对距离远近将土地分为远地和近地。根据土地与道路和山岭的关系，对部分土地有得路地（离道路近的地）、过岭地的叫法。

而从沟底到山岭，不同海拔高度分布的土地类型也不同：分布在沟底两岸的，多为村民俗称的渠洼地，约占耕地总面积的30%。其特点可用"一丁土"来概括，也就是说从下到上都是土，没有石头石渣填充其间。这里的土壤保墒蓄水能力强，最不容易遭遇干旱的威胁，这类田又叫"救命田"。

沟底往上、半坡以下的地段分布的多为中层灰石土，该地段坡度大、侵蚀轻，故植被覆盖率较高、岩石裸露率较低，土层厚度在 8~35 厘米的区间内，约占耕地总面积的 35%。

沟谷半坡以上广泛分布的是坡条状的梯田。这部分的土地由土壤层和渣土层上下两部分构成，坡条地总体土层薄、不耐旱，极易受洪水侵害。

不同位置的温度、日照、土质、降水、地形条件不同，适合种植的作物种类、品种也就不同，如"岭头山药村边麻，渠的高粱岗上花"的歌谣，就是对哪种地适合种哪种作物的形象描述。同时，同类作物在不同位置发芽、开花、结果的日期也会有所不同。据《王金庄村志》记载，以小麦为例，村边、阳坡一般要比后梢、背阴、高寒地早收割 5~7 天，这会带来劳力需求和安排上的差异。大体上，在梯田上种植的农作物，海拔由低到高，依次为蔬菜、玉米、谷子、大豆，蔬菜的种植条件要求最高，玉米和谷子居中，而大豆适应力最强。

收获黄豆

王金庄十年九旱、灾害频繁，因此在作物的选择上，当地种植最为普遍的粮食作物为抗旱能力强的小米、玉米和豆类。小米也称为"粟"，当地人叫谷子，去皮后称为小米。粟在我国有着悠久的历史，是中国本土起源的农作物。距离王金庄不远的河北武安磁山遗址发现了距今8700年至7500年的粟的遗存，这是目前能够确定的栽培粟的最早考古发现之一。粟为喜温植物，有较强的耐旱特性，村里人说，"谷子一条腿伸进海里"。谷子比较适宜王金庄的自然环境，因此种植面积历来最大，是村民的主要口粮。目前保留的谷子品种有多种，如二指红、青谷、来吾县、出白的糯、马脱缰、压塌楼、马机嘴、大黄糯、小黄糯、六十日还仓等。谷子种植一年一季，一般在清明前后播种，八月下旬至九月上旬收割。虽然谷子的种植品种多样，但田间管理程序和方法基本一致，主要采用传统的生产方式，即秋翻耕、春耙耢、耧播种且播后压实；出苗后人工间苗、除草、中耕2~3次（不仅为除草，还可提升谷子品质）、与其他作物倒茬种植，使用农家肥等。

玉米是高产作物，适应能力强，阳坡、阴坡都适宜种植。村中有俗语说"玉米头顶一碗水"，形容其抗旱能力强。由于坡陡地小，谷子和一些杂粮为摇耧耕播，玉米、豆类等作物为跟犁或拼穴手工点播。玉米种植分早晚茬，早玉米每年近谷雨时播种，晚玉米小满或芒种节令播种。因为玉米产量高，所以人们非常看重，它在王金庄传统饮食中的重要性仅次于谷子。

豆类作为抗灾粮食的补充，常种植在山坡远地。其生长期短、省肥、易储存，营养价值高。长期以来，王金庄由于独特的气候和生态条件，豆类作物种植广泛，主要品种有黄豆和青豆，黄豆过去只在坡地和土薄的平地种植，青豆多与玉米和高粱间作。其他豆类还有产量低、种植少的狸小豆、红小豆、绿豆、黑豆等。

高粱多与谷子、玉米间作，产量较低，目前种植少。红薯引进后，因高产曾在20世纪六七十年代一度有过较多的种植，但由于育苗需要较多水，目前也较少种植。小麦种植主要在河两岸和阳坡地下半坡土层较厚的地块，播种面积一度占到作物种植的四分之一，但因为成本高、需水量大，现在已无人种植。

　　王金庄的山坡、田间地头广植树木，以花椒树、黑枣树、核桃树、柿子树居多，核桃树多为近几年种植。这里的花椒久负盛名，早在清朝嘉庆年间，前村和后村就分别建立了前椒房和后椒房，以供外地客商收购花椒、核桃、黑枣等山货之用。至今，在三街村曹家祠堂旁犹存"椒房院""椒花门"的地名。作为王金庄的主要农副产品，花椒是当地农民的重要生计来源，村里家家都种有花椒树。中华人民共和国成立至今，当地不断地种植、更新花椒树，截至2020年年底，共有163 248棵之多。旧社会时，村民将花椒采摘下来后晒干存好，置庄、买地、婚丧嫁娶时才将花椒卖掉。进入新社会后很长一段时间内，花椒也一直是当地人眼中的铁杆庄稼和主要经济收入来源，人们修房盖屋、上学读书等都靠花椒这项经济来源。

　　除经济价值之外，花椒还有很大的生活价值和生态价值。花椒的叶、籽、椒均可食用：花椒叶是一种别具特色的调料，鲜叶能当菜吃；成熟的花椒可以磨成花椒粉调味；花椒果皮主要用于调味，也可入药；椒籽可榨油，榨油后剩下的渣滓还可以作为肥力极佳的饼肥施于土地。近年来，椒木也备受青睐，老人们手持的拐杖材质以椒木最为流行，它还可以用来制作鼓槌、手柄等。花椒树大多种植在梯田的边缘地带，它的根连接土壤与石堰，其根系的延伸与盘绕能够固定石堰，防止水土流失，起到梯田生物埂的作用，是保护梯田、稳固石堰的一道铁篱笆。同时，花椒的枝叶可截留雨水，防止土壤溅蚀，枯枝落叶可减少地表径流，起到蓄土保墒、保持水土养分的作用。此外，花椒生长在层层梯田的边缘，不与梯田里的庄稼争空间，实现了土地的充分利用。

采摘花椒是当地人最重要的农事之一。花椒在立秋前后成熟，此时要及时采收，过早或过迟都会影响品质。传统采收靠人工，主要用到剪刀、钩子、凳子、绳子、背篓、提篮、箩筐和"布撑子"等工具。采摘花椒可持续一两个月之久，过程很不容易，一是此时尚在三伏天，天气热、光照强；二是花椒树树干和树叶都长满了刺，采摘完一季花椒，双手会全部裂开，从指间到手心手背，全是被尖刺划伤的伤口，整个采收过程都在刺痛中完成。李彦国这样描述采摘花椒的辛苦：

> "摘椒的时候，是一年里最热的季节，在闷热的大暑天，在炎炎的烈日下干活儿。摘椒这个活，看似不重，但一季椒摘下来，都要把人吊瘦，时间太长呀，从早到晚，整整一天。细细想一想，别说干活儿，让你在烈日下整整站一天，你也受不了呀，况且，这一干就是连续一两个月呀。"

王金庄的许多耕地离家较远，为了抢时间，往往一家老小齐上阵，有些时候甚至吃住都在地里。采摘的花椒带回家后，还要立即晾晒在房顶或者路边，晒干后即可出售或存储一段时间等有中意的价格时再出售。

同属柿树科的黑枣和柿子在王金庄也广为种植。前者耐寒抗旱、防病能力强、经济价值高；后者则是村庄主要的甜味来源。在饥饿的年代，柿子和黑枣是村民重要的食物，是他们的救命粮。黑枣，当地人常称为软枣、野柿子、小柿子等，又分为自然生长的有核黑枣和人工嫁接的无核黑枣两种，通常种在梯田田块的中央。黑枣农历四月开花，立冬前后收获。此时，阵阵寒风吹过，枝头的黑枣便开始发黑，王金庄的男女老少拿着箩筐，赶着毛驴，背着长长的竹竿子开始到梯田打黑枣。由于黑枣树较大，

花椒

一般人们会制作长达 6 米的竹竿，但有时仍需上树敲打。黑枣全果可食用，在饥荒年代，村民用黑枣磨成面粉做成"炒面"或"糠炒面"充饥，故黑枣树又被当地人称为是苦日灾年的"救命树"。除此之外，黑枣树木质结实，纹理美观，是做砧板、擀面杖以及各种家具的上好材料。黑枣的树干相较花椒树更为坚硬牢靠，因此还常被用作拴驴的木桩。目前全村梯田共有 10 681 棵黑枣树。

王金庄的柿子按形状、大小分为大柿子、小柿子、方柿子，但全村梯田中现存的 1278 棵柿子树多属小柿子树种。柿子树也是通过有核黑枣树嫁接而来，在柿子树的主树干和树枝的交界处很容易看到嫁接的痕迹。王金庄的小柿子为传统老品种，柿子树个高，枝繁叶茂，耐旱耐寒，耐贫瘠，被种植在梯田堰边、堰根以及坡坡垴垴上。每当霜降节气来到，男女老少赶上毛驴，背上长竿子到地里摘柿子。柿子吃法很多，在灾荒年代，曾一度被作为主粮的替代品，但现在常用来做柿饼。

黑枣和柿子除直接食用外，还可酿酒、制醋、入药等。近些年来人们生活条件改善，黑枣和柿子多用来出售。此外，黑枣树和柿子树等树种和花椒树一样，在梯田系统中具有一定的生态作用，它们可以截留降水，防止土壤溅蚀，其枯枝落叶还可以减少地表径流，经生物分解增加土壤肥力。

田间管理

王金庄的农耕管理主要体现在农时管理和耕作技术两方面。在长期的农业生产实践中，当地百姓基于对气候与物候现象的认识，将节气与农事活动结合起来，用朴素的语言总结顺应自然规律的农耕经验，积累了大量农谚，用以指导农业生产。"不懂二十四节气，自把种子撒下地"，是王金庄人对二十四节气和农业生产关系的生动表述。

"清明前后，种瓜点豆"，清明是王金庄一年中第一个农忙高潮。此时，村民开始在渠洼地种植各种蔬菜和豆类，为了防止春旱和倒春寒，种植时还会进行浇灌和覆膜。谷子从清明开始就可种植，但分早晚茬。清明谷雨种的谷是稙谷，立夏以后种的是晚谷。不同的时节，可以种植不同的谷子，李彦国提到："清明谷雨种马机嘴、红苗老来白、白苗老来白、青谷、毛谷、来吾县、米大黄。立夏以后种衡谷、三变丑、马脱缰、落花黄、红谷、黄谷、二指红、压坍楼。"但王金庄地区春天旱灾发生的频率较高，"谷雨谷，不如无"，在谷雨前后种谷子易遭遇"卡脖旱"，但抽穗又须在雨季，所以当地人更愿意等到小满或芒种播种，"小满夹芒种，一种顶两种"，此时雨水充沛、空气湿润、气温升高，这个时期种下的谷子，属于二楼谷，生长得更加苗壮，产量也很高。近年来反常气候频频出现，"撒什么种子结什么谷，遇什么节令撒什么种"，将不同种子在适宜节令播种，是村民应对气候变化的有效手段。

谷雨是播种玉米的时节。玉米阳坡、阴坡均可种植，产量高，是村中种植量第二大的作物。但它只适合长在土壤肥力较高的土地上，土质太差，产量会降低很多。如果谷雨时节比较干旱，也可以选择在小满和芒种时种植玉米。过往，除了播种之外，此时的王金庄人还有一件重要的工作——收麦子。"芒种麦见茬"，到了芒种就可以收小麦了。"夏至麦青干"则是说，夏至还没有成熟的小麦也会干枯，此时要把小麦收割回家。"麦熟一晌"，小麦的成熟在半天时间内就会有明显的变化，上午可能发青，经过暴晒，下午就可能焦黄。实际上，收麦时间一般在农历五月，"五月天，龙嘴夺食"，这个季节已经到了雷雨季节，要抓紧收割。2011年后，因小麦抗旱能力差，全村都已不再种

农人与土地

植小麦。

"冷在三九，热在三伏"，三伏天是种植部分蔬菜和荞麦的时间。"头伏萝卜，二伏菜，三伏荞麦不用盖"，头伏10天是种植萝卜的最佳时间；二伏为下菜籽最佳时间，出了二伏，刚好是立秋，正适合白菜生长；三伏再种地，只有荞麦可以成熟了，荞麦喜温凉，不耐高温，生产期也短。

"六月六，看谷秀"，这时雨水充足，日照时间长，谷子已经孕穗，秋季丰收在望。虽然立秋后还有一伏热天，但"立秋之日凉风起"，秋天由此拉开序幕。秋种秋收在立秋后有序开展。"立了秋把响丢，立了秋挂锄头"，立秋之后就可以开始秋收。"五月杏，六月李，七月桃，八月梨，九月柿子红了皮"，农林产品的收获接续而至，"立秋摘花椒，白露打核桃，霜降摘柿子，立冬打软枣，小雪收白菜"。"立了秋，把椒抠"，立秋时最先收获的是花椒。"处暑不出头，砍倒喂老牛"，到了处暑时节，庄稼还没有秀穗，意味着此种庄稼熟不了了，只能割来喂牛。"秋分谷上场"，秋分时谷子和玉米都已经成熟，王金庄人会抓紧时间收割这两种主要口粮。立冬时节，萝卜、白菜也都成熟，"地冻萝卜长"，萝卜和白菜可以一直在地里长到上冻再刨回家，或者就地掩埋，随吃随刨。"白露早，寒露迟，秋分种麦正当时"，秋分是种麦子的最好时间，早则容易提前长挺子，难以越冬，迟则不等分蘖天就冷了，容易被冻死。除了小麦之外，村民还会在这时播种大蒜、洋葱、油菜等作物。

立冬之后的冬闲时间，村民盼着下雪，因为"小雪雪漫天，来岁必丰年"。但对于王金庄人来说，冬天并不意味着完全放松，而是会让"冬闲变冬忙"，他们会利用这段时间垒堰筑田、修剪花椒树、平整道路等。

除此之外，王金庄还有不少生产习俗，指导着农民的生产生活。"下冷的放神枪"，即下冰雹就放铳炮消除冰灾。农历七月十五这天是祭百灾日，人们烙小饼作为供品，中午拿上香、纸和供品，到百灾爷庙及自家地里烧香上供，求百灾爷保护粮菜不受虫害。"打场护掠头"，头茬粮食收成堆后，要烧香围绕粮堆放鞭炮，以吓毛神，这叫"祭场"，结束才能让粮食归仓。"正月不出圈"，即正月不让喂养的牲口出圈，如果非要出则需要在驴圈挂杆秤。

自然万物对天气变化极为敏感，与农事时序相配合，王金庄人根据动物反应的特点，也总结出许多经验规律。"蚂蚁搬家蛇溜道，老牛大叫雨就到""蜻蜓飞得低，出门带雨衣""蛤蟆高处跑，大雨就来到""老鸡进窝早，明天天气好""马蜂檐下扎窝，今年雨水定多"。还有一些是以形象的比喻来形容天气的特点："二伏三伏，地热蒸馍；三九四九，冻破茶臼""二月二雪流水，圪蔫饼搭墙头""山根雾，晒破肚，天黄有雨，云黄有雪""五月天旱不算旱，六月连阴吃饱饭，七月连阴烂一半"。四季轮回，时序更替，历代王金庄人恪守着农事周期，代代往复。

在农时管理之外，当地人基于气候环境和水土资源条件，探索出用地与养地相结合的旱作农业耕作制度和技术。具体包括：轮作倒茬，间作套作，错季适应栽培，农林复合生产，直播、晚播、套播、广种密植相结合等各种耕种制度；抗旱耐旱作物与品种的选种技术、"三耕两耙"的耕地技术；有关播种、土壤施肥与改良、间苗、除草、病虫害综合防控、灌溉、收获等方法。所有的制度、技术和方法都经过了反复的实践检验。如当地人重视耕作和施肥，"要想高产，土地深翻""伏天挠破皮，顶上秋后犁一犁""头遍浅，二遍深，三遍把土拥得根"，是挂在嘴边的话。对于谷子的中耕，有"一锄浅耕灭荒，二锄深耕防倒，三锄细耕保墒"之说。在生产过程中，粪肥很重要，俗语有"种地不上粪，净是瞎胡混""珍粪如珍金""巧做造不如拙上粪"等说法。为了确保农田丰收，当地人积累了诸多有关肥料的收集、制作和

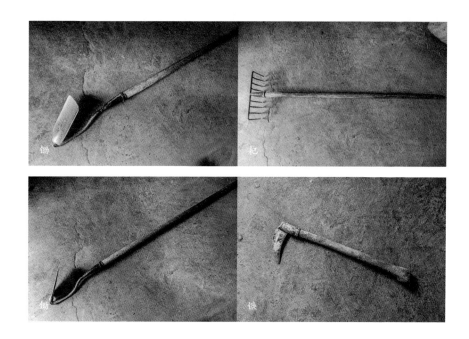

锄　　　　耙

锄　　　　镢

利用的观念和方法：利用驴粪、秸秆、树叶和干土混合发酵成粪肥；用日常生活中的废弃物，通过秸秆沤肥、积叶堆肥、秸秆熏土、草皮熏土、打炕土、下房土、油渣饼等，创制出肥料；在地里，村民利用粪肥或堆肥进行熏肥转化，高温杀死土壤中的害虫卵，减少病虫害的发生；通过轮作与复种改变土壤的生物特性，增加土壤的腐殖质含量。当地人施肥注重增施底肥，辅以追肥。在耕作前把肥撒在地表，耕作时将肥翻入土内；在小麦进入返青期，谷子、玉米进入旺盛期时追加施肥。

轮作、套作最能体现当地的农耕智慧。根据梯田不同位置的土质、温度、光照、水分等的差异，王金庄粮食作物种植常常采用谷子、大豆、玉米轮作倒茬技术。轮作倒茬是以谷子为主要作物，有两年轮作，如一年种植谷子，一年种植玉米或大豆等；也有三年轮作，如一年种植白谷，一年种植玉米或大豆，第三年种植红谷。李彦国认为，倒茬有改善土壤营养、持续为作物提供养分、便于分辨杂草和庄稼的作用：

犁　　驴架子

箩筐　　耧

　　"为什么要轮作，就不能在石崖沟每年都种谷吗？不行，一直不倒
茬，地就不长了，谷秆长不高，谷穗也结不大。谷子需要的养分，它第
一年就吸收了，连续种谷，土壤里没了供谷子生长的养料了。再者，连
续种谷，谷地里会长出许多莠草，也就是马尾草，莠草苗和谷苗长得十
分相似，间苗时，不论多有经验的老农也分辨不清。"

　　谷物吸肥量多，较为消耗地力，一般不易连作，王金庄人对
此有"年年谷，不如无""不怕重茬谷，就怕谷重茬"的说法。
用豆类参与轮作是因为当地人认识到，豆类作物的根瘤菌可通过
固氮的方式增加土壤的肥力，但豆类的产量低，因此谷子和玉米
的轮作更为普遍。倒茬轮作还涉及整条沟的作物种植，即一条沟
的人家会主动协调种谷子和种玉米的时间，于是可以看到王金庄
的山沟里总是种着同一类作物，一年谷子、一年玉米，共担鸟兽
带来的损失；而种植同样的作物还可以减少串种、提高产量。山
脚或河谷平地为夏秋地，灌溉较为方便，但数量较少，一般为一

年两熟制，轮作倒茬、套种间作等技术在该地区应用广泛。雨水充足的年份可种植夏秋两季，雨迟则种黍，无雨则留白地。套种、间作技术在坡地也存在，比如谷子地边播高粱，玉米地里播高粱、南瓜、青豆、豆角，红薯地套种玉米、土豆，及堰边坡地种植南瓜、豆角等，高低结合、秆藤搭配。

人驴协作

在长期的农业生产实践中，村民利用当地的自然资源，发明、制作和使用各种农用器具进行生产劳作，以满足多样化的需求。常使用的农具有翻地的犁，平整土地的耢，翻整土地的锄头，刨土、挖石的镢头，播种的耧，割草、锄草的镰刀，晒作物和清扫落叶的耙，挑粪、担石的箩头等。但最能体现农业器具使用智慧的则是人对驴的驯化及人与驴之间的协作。

王金庄山高路陡，牲口深受倚重，是人们生产生活中必不可少的交通工具和劳动生产力。综合耐力、寿命、爬坡能力、劳作能力和驯化难度，当地人选择了毛驴作为梯田农业生产的重要帮手。梯田的生产劳作和驴是紧密结合在一起的，几乎每一个生产环节都能看到毛驴的身影，驴也因此被村里人昵称为"半个家当"。

王金庄可耕土地几乎全位于山中，上山下山不仅要经过狭长弯曲的山路，还要翻山越岭，与其他地区的驴相比，村民们饲养的太行毛驴在这里爬高下低如履平地。山里人的生产离不开毛驴，从春入夏，从秋到冬，毛驴套着鞍鞯，架上篓驮或驮架，驮着农具、粪肥、柴草或庄稼等穿梭在家和田间地头之间。如驴未驮载重物，人也往往靠毛驴往返梯田，在早晨或傍晚，会常常看到村民坐在驴背上或拽着驴尾巴慢悠悠地出工收工。耕耙、耧

劳作归来

多情的土地
温双和　摄

播、碾场、筑田等更是少不了驴的身影。依山而建的梯田地块狭长，多为绕山转的裹脚条梯田，堰里堰外又多种植花椒树，农业机械和身材高大的马都无法回旋。身体灵巧的驴可以在山上、梯田里活动自如，所以耕作拉耧的重任落在了驴的身上。

此外，驴也是农耕生产态链中的一环。驴吃谷物、玉米、豆类的秸秆等，然后经过腹转化排出屎尿粪便，驴粪尤为珍贵，村中有"一颗驴粪蛋，一碗小水饺"的说法。驴的尿与粪可以与铺在驴圈地面的秸秆、树叶、干土等混合，并通过驴的踩踏形成粪肥，又或者拌上人粪，混合发酵做成堆肥，改善土壤肥力，从而实现了农业生产中物质和能量的有机循环。

对于王金庄人来说，选驴和驯驴都是重要的本事。李榜锁在王金庄从事了近30年的"驴经纪"工作，在他的理解中，村民对于驴的挑剔丝毫不亚于挑女婿。选驴要看其体格、吃食、毛色，没有被调教过的小驴驹最受青睐。驯驴尤为重要，当地人在驴长到五六个月大时就通过口令调教其走路与驮物。口令主要有：咧咧（往左）、哒哒（往右）、喔（停）、哒（往前走）。口令训练需要缰绳的配合，这个训练大约需要一年的时间。让驴学会干活是一个循序渐进的过程，根据年龄、体力安排活计，不能一下子让它太劳累。开始可以轻一点、少一点，而后不断增加工作量，使其逐渐养成较好的耐力和劳动习惯。如果是公驴，则在其一岁多时阉割，以使其脾气更加温顺。生活环境的磨炼，再加上持续的驯化，毛驴渐可通晓人性：种地不用牵，记得主人的田地，也会找到回家的路；在狭窄的山间小路相遇，驴也会主动避让，让人先行；如果主人将货担子放在两块石头上，驴会主动低下身挤进两石头空隙中间，挺起身子把担子托起；也会配合主人"扔驮子"，即配合主人把驮子扔在驴的鞍鞯上。王林定曾养过一头驴长达25年之久，在他的耐心调教下，驴不仅能够按照口令进行劳作，还能记住往返田间和家里的路线，到点呼唤主人回家。

养驴的过程也很重要，春夏秋的草料，秋收后的豆类、谷子、玉米等作物秸秆都是上好的驴饲料。农忙时，为了让驴吃饱喝好，夜晚需要多次起夜给驴添加草料。农闲时或者在山上干活休息时，人们会把驴身上的工具都去掉，放驴在山上随意吃草，晚上回家时补喂一些草料。在家里，残羹剩饭也会给驴留着，连涮锅的泔水也会饮驴，让驴尽可能多地汲取营养。毛驴干完重活后，不能让毛驴马上饮冷水，以防"炸胃"。感念驴的辛苦，对驴的悉心照料，是当地人最日常的传统。

在王金庄，人与驴相依相伴，驴被视为家庭的一员。村里毛驴最多时家家都有，甚至一家不止一头。随着年轻人大量外流，不再参与农事活动，老人年岁日长，无法继续喂养驴，村里的驴日渐减少。2014年电动三轮摩托车兴起后，更有大量的驴被卖掉。据统计，2016年王金庄有驴369头、骡子262头；2021年，梯田协会再次对全村的驴和骡子进行普查，全村共有牲口285头，其中驴229头、骡子56头。近年来，山上的荒地越来越多，一个重要的原因就是家中的驴没了，仅靠人力和三轮车，在山间上下运输生产资料和收获物，以及梯田的耕作和管理都变得艰难许多。没有驴的存在，梯田的存续堪忧。

旱蓄涝排

由于自然条件的限制，王金庄始终处于旱灾、涝灾的严重威胁之中。梯田区属北温带半干旱大陆季风气候区，年降水量540毫米，年蒸发量1720毫米，年均温12.4℃，自古乏水，属干旱缺水区。这里降水分布不均，雨季集中在7月下旬至8月上旬，俗称"七下八上"，占全年雨水总量的64%，而春秋两季仅占 14.7%，因此才有"下雨满山流，干旱渴死牛。吃水比油贵，吃粮更发愁""雨天泥石流，旱天渴死牛；"十年就有九年旱，长虫蚂蚱爬山外"等俗语广为流传。从明初到 2000 年的 630 多年间，有记载的较大自然灾害有 150 次，平均四年就有一次。其中旱灾较多，旱情较重时曾连续五年大旱。洪灾也频发，村里有"六十年一大水，三十年一小水""十年一小冲，二十年一大冲"等说法。1996 年 8 月，又一次洪灾降临，大雨持续了四昼夜，500 多亩梯田被冲毁。灾后，王金庄人大干了几个冬夏，平均每户垒长 3 米、高 2 米的堰嶅 3 个，共垒 3500 个，连起来有 30 千米长；被卷走的 400 亩滩地，除了北河、前河涵洞上的土地外，多数已修复。2016 年 7 月，特大洪灾肆虐王金庄片区，降雨量一度达到 400 毫米以上。对于这次的灾害损失及灾后重建，村里的"7·19 抗洪纪念广场"是这样描述的：王金庄沿线道路全部冲毁，多处发生泥石流、山体滑坡；在灾后重建中，共修复田间道路 47 000 余米，修砌石堰 100 余处，达 3000 余米，修复梯田 300 余亩。最近一次大旱发生在 2019 年春季，该年降雨极少，造成严重干旱，大南沟的团结水库干涸见底，玉米和谷子等粮食作物颗粒无收。

常态性旱灾与突发性洪灾交错循环出现，严重影响农作物的生长和收成，王金庄人的生产生活深受其害。为了减少旱涝灾害的影响，村民探索出了一系列防灾和减灾的实践经验，除了前文提及的提高用水效率的作物选择外，主要体现在蓄水抗洪的各项水利设施的修建、保墒的农耕技术经验总结等。本地的水利工程和农耕管理大多是协同起作用的，在山、水、林、田、路综合治理下实现。如 20 世纪六七十年代王全有领导修建梯田时，也修建了小型水库和一系列的水利配套工程，盘山渠道、塘坝、水窖、水井等，并且边修梯田边栽树，从而创造出石堰梯田独特的山地雨养农业的生产方式和技术体系。

盘山水渠

团结水库
涉县井店镇提供

月亮湖
涉县井店镇提供

月亮湖水库大坝
涉县井店镇提供

160

王金庄黄金水道
涉县井店镇提供

黄龙洞
涉县井店镇提供

为了防御洪涝灾害和解决用水问题，当地先后修建了很多水利工程，包括水库、塘坝、谷坊坝、水池、水柜、水窖、涵洞等拦蓄、疏导雨水的工程。团结水库和月亮湖水库分别修建于1969年和2008年，与此同时，也完成了渠道、塘坝、引泉石槽等一系列的配套设施。塘坝和谷坊坝主要用来拦截水流，保护梯田，多修在河谷地带。1949年后，先后修筑了4批91条中小型塘坝或谷坊坝，及一条长达60米的护村大坝。水池大多建于村外或村中空旷处，可积蓄雨水，供洗涤、生产、人畜饮用等，同时也起防洪的作用。村外的梯田里先后修建了大小不等的水池11个，其中9个大池仍在使用，是浇地和牲畜饮水的水源。位于山腰或山顶、由村集体或多户联合建设的大型水柜，蓄水量较多，起着水塔的作用，供农业生产就近取用。水窖的历史较为悠久，在石庵子里做饭、牲口农作时饮水、栽种蔬菜等，水窖提供了最便捷的水源。水窖大多深3~5米，宽3~4米，建在地势低处，雨水能集中流入。水窖也多是共修、共用。目前，梯田中有水窖152眼，但受气候的限制，水窖一般夏季有水，其他季节大多处于干涸状态。此外，全村在用的水井一共有11眼，基本上都位于村庄而非农田，只有在十分干旱的情况下才会将井水用于农业生产。

　　王金庄人还在植树造林方面进行了一系列的探索。蓄水、保水是雨养农业的基础，保持水土能够提高雨水的利用率。"山上多栽树，等于修水库"，村民根据不同的地形地势进行梯田开垦和耕种，在满足粮食自给的基础上，种植了规模巨大的山林，形成了良好的自然生态系统。山顶刨成鱼鳞坑栽种松柏，山腰梯田边缘种植花椒树、黑枣树和柿子树，路边石缝间嫁接枣树，原有耕地旁栽种桐树。1965—1975年，王全有带领村民边修梯田边栽花椒树5.6万株，在山顶种植松柏11万株。1982年以后，县委、县政府做出了"以林为主"和"靠山吃山"的决定，并户户明确植树坡，下发林权证，全村迅速掀起植树高潮。仅1983—1985年3年间，全村植梧桐树9000株，花椒树1.6万株。1988—1995年的"3737"项目除筑坝外，还刨鱼鳞坑2.5万穴，植树3万棵，荒山绿化1500亩。近些年树木种植和更新仍在持续中。

蓄雨保墒耕作技术亦被村民重视。他们遵循"因地制宜，因时制宜、因物制宜"的原则，创造出各种耕作方法，以适应当地旱涝灾害频发的自然条件。松土与覆盖是他们总结出来的保墒的两项重要措施。在作物播种与收获期间以及植株间进行中耕管理，具有疏松土壤、增温保墒的作用。王金庄人通过深耕、细耙、勤锄等手段减少土壤水分的蒸发，尽可能地满足作物对水分的需求。一般来说，收秋后要用牲口犁一遍地，清明前后再锄一遍。种下作物之前耢一遍，种完以后踩一遍，如此一来，作物的根便能扎入土壤深处。如果遇到天旱，则增加锄地的次数，"旱锄田、涝浇园"是村民们挂在嘴边的话，天旱时，通过锄地，切断土壤毛细管，减少水分蒸发，从而起到保墒作用。覆盖是另一种防止水分蒸发的有效途径，村民们将塑料薄膜覆在土壤表面，仅在作物的幼苗处剪开小孔，使幼苗呼吸与接收光照。覆盖的方法可以有效地使蒸发的水蒸气冷凝成水滴回归土壤，减少土壤水分散失，也能给土壤保温，有利于植物生长。

小米烙饼

七　　　　　　　箪食瓢饮

文 / 李志

"下雨满山流，干旱渴死牛。吃水比油贵，吃粮更发愁。""山高石头多，出门就爬坡。路无五步平，年年灾情多。"这两首歌谣中所描绘的气候条件和自然风貌，对王金庄村的环境作了极为精准的概括：旱涝交替，缺水少土，群山环绕。同其他农业区相比，这里对生存更具有挑战性。艰苦恶劣的生存环境，自然造就了独具特色的农食风俗。王金庄村过去以谷子、玉米、豆类等为主要粮食作物，蔬菜以南瓜、豆角、萝卜、白菜、土豆等为主，还以核桃、柿子、花椒、黑枣等作为饭食制作的辅料和调味品。除此之外，由于王金庄村主体部分处于河谷中，村庄两边皆是低山丘壑，其间灌木、荆棘丛生，生长其中的众多野菜更是在物资匮乏的年代中成为人们充饥果腹和维持生命的主要食材之一，比如马丝菜、黄花菜、马齿苋、山韭菜等。这些野菜与粮食作物、蔬菜一起在灾荒年代支撑王金庄人度过艰难岁月，时至今日仍有大部分人会专门去沟壑梯田中采摘野菜烹饪食用，这既是就地取材、物尽其用的生活习惯，又是逝去时光在味蕾中的再次相逢与追忆。

山林馈赠

俗话说，"靠山吃山、靠水吃水"。王金庄地处太行山区，山林中无论是有生命的动植物，还是无生命的石头、土壤、空气和水，都是上天的馈赠，是农业生产以外的补充，在人们的生活当中，扮演着无法替代的角色。

太行山区是有名的药材产区，柴胡、连翘、蒲公英、地黄和黄芩在这里随处可见。生于斯、长于斯的王金庄村民常年奔波于山林之间，从小便能辨识草药并熟知其药性功能。"三月茵陈、四月蒿"是村民总结的关于药材采摘时令的谚语。茵陈是一种中

田间选谷种
涉县农业农村局提供

药材，在三月采摘才有十足的药性，如果过了三月，四月再采摘就失了药性、等同于蒿。还有一些当地人根据药材外形特征，用方言命名的药材，如娘娘养（萑草）、老娲扇（野鸢尾）、姜把子蹦儿（锦鸡儿）。其中娘娘养是一种治疗拉肚子的奇药，据当地老一辈人讲，如果拉肚子，去山上采两株娘娘养，将其泡在沸水中，用没过脚脖的药水泡脚，就能治好。这样的土方在村民的日常生活中随处可见。

炎热的夏天，老一辈人就会在地里干活的间隙，采一些山里常见的野生草药，比如柴胡、雪参，将药材洗好了放到滚水里煮开，休息的时候喝这种水，可以减少中暑的现象。虽然山上野生药材特别多，但现在的年轻人不常去地里，对于野生药材的辨识

草药

能力在逐渐下降。村中也有人种植草药，将能做药用的根部卖掉，叶子留给驴吃。虽然收益较高，但是草药的生长期长，有的需要两年才能成熟。平时村中的商店兼收草药，也有商贩开着卡车来收购。

当地对于山上草药的理解不仅限于草药本身，凡是与之相关的物，都可用草药具有疗效的观念解读。比如梯田里的水窖多数是为了人们在梯田劳动时能够有水的保障，但因为是设置在田地当中，水是从天而降，且流经之地条件复杂，没有办法保证百分之百的洁净。然而，在村里人眼中，水窖的水是透过地上植物下来的水，富含多种草药成分，即使直接喝也不会有问题。村民长年累月上山干活，难免会被路上的荆棘杂草抑或是自己的镰刀割伤，现在的人们多数会去医院进行消毒处理，但是对当地人来说这便是多此一举。他们从驴背上驮着的鞍子里拿一点棉花，用火

野菜

点成灰一按，就可以止血。之所以如此，是因为鞍子上面常年驮粪，而驴常年在山上尝百草，它的粪便会含有多种元素，这些元素具有草药的功效。另外，虽然镰刀上面看着黑黑的不卫生，但是没有一个人因为被镰刀割破手而出问题的，因为镰刀每天要用，割草的时候会割到草药，一断口，草药汁就流到刀片上，可以说刀片早已被百草所浸润，自身就带有消毒的功效。

在灾害频发、食物资源匮乏的年代，也多亏了山林馈赠的野菜和果树，村民才得以度过艰难的岁月。在王金庄村，能吃的野菜有好几十种，如黄花菜、马齿苋、山韭菜等。野菜采回来之后用开水烫一下就能够去除苦味，熬粥的时候加进去，做成野菜粥；家庭条件好的野菜少米多，条件不好的就多放点野菜。每逢摘花椒的季节，正是山上野韭菜最为茂盛的时候，人们会利用休息的间隙采摘堰边的韭菜，也会将采来的野韭菜花做成酱，在吃面的时候调味。

柿子树、软枣树在王金庄曾经是主要的甜味来源，是山林给予的另类馈赠。柿子甘甜可口，村里曾有"软柿子抹锅，赛过火锅""三筵、三滴水（乡村婚宴），不如软柿子拌苦荬"之说。柿子还可以加工成柿饼、柿块、柿皮。过去过年的时候，长辈给晚辈的不是红包，而是几个柿饼和一把核桃。在困难时期，让王金庄人度过灾荒的最主要是家家户户储备的炒面，而炒面的主要原料便是柿子和黑枣，过去没有渠道向外销售，只有把它做成炒面来防灾。

风土饮食

王金庄村旱作梯田规模大、山路远、坡度陡，靠水浇灌梯田既无条件也不可行，是典型的雨养农业。为了适应如此恶劣的生境，当地祖先总结了三句话，"藏粮于地、储粮于仓、节粮于口"，时至今日依然被当地人奉为圭臬。

"地种百样不靠天，地种百处不靠天"是当地村民对藏粮于地的深度解读。"地种百样不靠天"是指梯田里作物类型多样，且每种作物的品种更是丰富。这些作物都具备耐旱的特点，比如粮食作物中的谷子、玉米、高粱。拿谷子品种来说，当地就有22种之多，如来吾县、漏米青、屁马青、三变丑、压塌楼、马鸡嘴、青谷、红苗老来白、白苗老来白、小黄糙、落花黄等，都是祖辈流传下来的老品种，经家里的妇女每年辛苦选种、留种传承而来。王金庄村传统的蔬菜作物为土豆、红萝卜、白萝卜、南瓜、豆角等，土豆和南瓜皆为菜粮兼用作物，是重要的抗旱蔬菜和充饥食物。可见，村民栽种在梯田之中的传统蔬菜大部分是块根类、豆科作物，较少叶类蔬菜。因为块根类和豆科作物蒸腾作用小，从而可以更好地保持水分，即使在干旱的情况下仍能保证有一定收成，哪怕产量不高。

"地种百处不靠天"好比把鸡蛋放在不同的篮子里。山有阴阳、高低之分，气候也有阴晴之变，人们很难猜测当年是什么光景，只能在各个位置上都种上庄稼，不能说阳面好，就都往阳面种，阴面差就不种；凡是能种庄稼的地都要种。当地老一辈都说"年景年景，一年一景"，今年是收阳还是收阴说不好，总归都会有收成。如果都在一个地方种，要么丰收，要么绝收。

俗话说"仓中有粮，心中不慌"。"储粮于仓"是王金庄人对这句俗话最好的回应。气候多变、灾害频发，导致王金庄粮食产量极不稳定，如何保证歉收年份有余粮，如何将丰收年份的多余粮食储存起来是关键。几百年来，王金庄村民正是凭借着独特的空间储存技术和食物制作方法，得以应对生态环境的制约，保证基本的生存需要。

储存主要包括粮食作物的储存和蔬菜类作物的储存。将脱好粒的玉米或打下来的除去外层糠并保留里层糠的小米经过晾晒风干之后，存放在谷仓之中。储存后的小米品质好坏，同存放工具的透气性有关。用芦苇、高粱秆打成席子，缀成的圈用来放谷子，通风、透气效果最好；用板子（木板、石板、砖头、水泥板）做起来的仓子，透气性一般，时间过长会使小米发白，不好吃。缸的封闭性好，一般用来存放小麦、豆子。保存时在圈上面盖层纸，有的人家会用清灰、柴木灰在仓底放一圈，防止生虫，延长储藏年限。小麦密封好，能放十五六年，但存放时间过长推出来的面没黏性；谷子作为王金庄村的铁杆庄稼，人们常说它最耐储存，存上几十年都不坏，但放久变质后口感会辣；玉米保存得好，会呈现出玻璃样的透明感。

将刚获取的新鲜蔬菜放在梯田里的土窖或是家中地窖保存，通过这种方式，能够吃到口感比较新鲜的蔬菜。地窖因建造地点的不同，效果有差异。地窖挖掘深度、附近是否有石层决定了它的品质。哪怕同一间屋子下的地窖，品质也会有所不同，有的窖打得深、土多，能保温保湿；有的打得浅，遇到了石层，就会受到影响。邻里亲戚之间会相互借用位置好的地窖储存蔬菜。土窖是在梯田里土层较厚的地方挖一个坑，埋入大白菜，用秸秆将上面铺住，最后盖上土。所种植的白菜除了一部分带回家中，另外一部分就会放在梯田的土窖里存储。一般情况下，可以从十一月一直吃到来年的三月。

将食材加工成易存放的食物是当地应对灾年的独门法宝，也形成了王金庄独特的美食佳肴。

糠炒面

糠炒面是王金庄村的一大主食，20世纪六七十年代以前，是每家每户必备的食物。几乎每个家庭都会有一个大缸，高度相当于一个成年人身高的一半，用来装做好的糠炒面，吃的时候用葫芦做成的瓢挖出来，就着水或者小米汤一起吃。糠炒面是王金庄人为了应对自然灾害创造出的传统食物，虽然口感上不算佳品，但由于可以长久储存，又有极强的饱腹感等这些优点，所以曾是村民的一种日常性食物和饥荒年代的功能性食物。

柿糠炒面大多是由谷糠与柿子一同制作。一般在每年霜降前后，待满山遍野的柿子相继成熟时，村民便背上背篓将其摘回，同秋收过后谷子褪下的油糠一起，用手捏成饺子大小的圆形，这种由柿子和谷糠捏成的圆状物村民称之为"糠坷垃"。糠坷垃捏成后就放在房顶上晒，等水分晒得差不多、不是很湿的时候，就将晒好的糠坷垃放在土炕上炕熟。炕熟是每家都能依照自我情况自由发挥的过程，一般要烧三天。在烘烧的过程中需要不时翻搅。等糠坷垃被土炕烘烤熟了，就放在石碾上将其碾推成粉面状，再用筛子将颗粒较大的杂质筛除，柿糠炒面就制作完成。将柿子替换成软枣，就是与柿糠炒面相似的软枣糠炒面。除了日常食用外，将糠炒面装进大缸里，也能随时应对因各种灾害导致的饥荒。

目前王金庄人已不再制作新的糠炒面，但是作为艰难岁月的标志性食物，它常常与王金庄村历史上的干旱、洪水、饥饿等字眼联系在一起。因此，王金庄人对这种传统食物依旧抱有特殊的情感，一些村民家中至今还存放着几十年前的糠炒面。

糠窝头

糠窝头在王金庄村当地方言里称作"窝的"。糠窝头的出现不仅体现了"有什么吃什么"的天理，还是王金庄人对物尽其用理念的极致发挥。谷子脱粒时褪下的粗糠做成了糠炒面，细糠与少部分玉米面混合，便能做成糠窝头。

虽然糠窝头是由玉米和细糠一起磨面制作而成，比糠炒面的口感要好许多，但由于过去农业生产力低下、生活条件艰苦，村民在制作糠窝头时掺加的玉米和谷糠的比例并不均等，玉米面相对较少，谷糠面占比极大，故而做成的窝头冷下来后黏性较差，容易松散，食用时都需要两手掬着，以防掉落太多的残渣造成浪费。此外，由于糠窝头中掺加的玉米面微乎其微，说白了就是在吃糠，所以这种窝头的饱腹感较弱，再加上当时高强度的农事工作，绝大多数村民在吃了窝头的情况下依旧会觉得饿得慌。同时也因为糠窝头中糠含量太多，食用窝头后人体肠胃无法进行正常的新陈代谢。

尽管吃糠窝头就是在吃糠，但在曾经充斥着贫困与饥饿的王金庄村，糠窝头也并非家中每个人每天都可以享用到的。各家的糠窝头大多是由去上地的人带到梯田里当作中午的干粮。

苦垒

苦垒别名"哭垒"，是王金庄村的又一传统主食。苦垒有两种，一种是由谷糠面制作成的，因有些谷糠面中玉米和谷糠的比例过于悬殊，黏性十分小，捏不成糠窝头，但为了充饥，王金庄人将少许水兑入谷糠

老人与石屋
刘莉　摄

面中搅拌均匀，用小火在铁锅中煸炒焖熟，放入碗中用土豆或红薯捻着吃，不过与苦垒搭配口感最好的还是软柿子，旧时王金庄人用"三筵、三滴水（乡村婚宴），不如软柿子拌苦垒"来形容这一传统食物的美味。另外一种是"菜苦垒"，一般是用玉米和菜叶掺在一起，与糠苦垒做法一样，在铁锅中焖至稠状即可，吃时可以放入用葱花或韭菜炸制的"调花"。这种菜苦垒中用玉米取代了糠，故而口感更好。

沤缸菜

　　沤缸菜是王金庄村的传统美食，也是当地村民蔬菜制作方法与特点的代表。沤缸菜在王金庄村家家必备，每个家庭都会有一两个大缸用来存放沤缸菜。沤缸菜本身既是一道菜肴的名称，也是各类蔬菜烹制可以参照的方法。将原材料从地里挖出来，用水洗净后再用热水煮熟，然后把菜都切碎，再用清水洗一遍后放到缸里面，最后把煮好的豆沫汤倒入缸内没过菜叶，放置半月到二十天就变成了沤缸菜。沤缸菜做好后一直存放在缸里，随吃随取。王金庄人食用沤缸菜的方式有很多种，按照吃多少取多少的原则，可以把菜取出后加入油盐直接食用，也可以用拌好的菜就着稀饭吃。此外，很多村民也会把沤缸菜掺入到面粉中制作成窝窝头、苦垒、菜饼子等主食。

　　沤缸菜能够反映王金庄人在何时种植何种农作物，按照蔬菜种植收获的季节，从每一季中挑选出一两种，作为"沤缸菜"的原料，比如白露与秋分之际以豆叶菜为主要原料；芒种、夏至时以洋桃叶为主；霜降时以白萝卜缨为主。原料的选择是根据各种蔬菜生长收获的季节而选定，所以每个季节都有不一样的沤缸菜可以吃。这种蔬菜的制作方法既体现了王金庄人拥有极为丰富的时间经验，也表明村民在长期的农业生产生活中逐渐适应了这片土地上的四季变化和节气运转。

　　糠炒面、糠窝头以及苦垒曾是王金庄村最常见的三种主食，而沤缸菜是王金庄传统的蔬菜制作方法，它们都是王金庄人秉承适应自然、就地取材、物尽其用的原则在太行山深处求生存的智慧创造。在八百余年的历史进程中，王金庄人将本不适宜人类生存的千峰万仞改造成了提供食物来源的旱作梯田，并在石头山中建立了村庄，也创造出了极具地方特色的饮食文化。

谷米食谱

小米作为谷子脱粒后留下的重要食材，不同于在王金庄村历史上逐渐淡出的糠，一直都是王金庄人日常饭食中的必需品，始终在这个传统村落的饮食结构中稳居榜首，占据着不可撼动的地位。小米做成的饭根据稀稠程度大体分为四种，分别是米饭、稠饭、稀饭和捞饭。把小米下到锅里煮熟，用笊篱捞出来，拌之以野菜、萝卜条，这种米饭叫小米捞饭。主要劳力吃捞饭，其他成员喝捞过米后剩下的米汤，精打细算，统筹安排，维持生活。只喝米汤也可养生，新生儿没奶，也用米汤代替奶粉。把干豆角、土豆、萝卜、山药、南瓜、小米下锅，加大量水煮熟，称"小米稀饭"。人们早晚餐都会以小米稀饭为主，配合干粮。由于饭菜同锅，所以人们会在饭中加入食用盐来调味。

村里人根据颜色将谷子分为三大类，分别是红谷、黄谷和青谷。红谷谷穗颜色较深，呈橘红色，谷壳上有绒毛，可以防止鸟偷食。红谷谷壳较硬，不易脱皮，米粒较小，易煮软，最适合做米粥，是现在的主要种植品种。黄谷（白谷）粒大饱满，生长期长，米粒品质好，收成高，且在烹饪时更能吸水，从而出饭量大，最适合做小米稠饭，口感比红谷香。黄谷由于收割较晚且管理较麻烦，一般是上岁数的人种植。现在人们吃大米饭较多，因此黄谷多作为商品出售，而红谷自己吃。青谷的谷穗为青色，做出来的米汤颜色发青，能治肝炎，现在很少种植。

王金庄人饮食中常用的豆子有两种，一种是豆角里的豆子，一种是传统杂粮类的大豆、绿豆等。家中难得的营养补充就是用这两类豆子制作的豆沫汤。家家户户都有石头做的碾豆工具，主妇泡好一锅豆子，用石舂子进行反复捶打，过程中不断加水，最后形成豆渣与豆浆混合物，将其盛于碗中，加在沸水或小米粥中搅拌煮熟即可。村里人都说豆沫汤营养价值最高，在过去人们吃糠难咽的时候，总会配上一碗，可以更饱腹。

　　玉米是当地播种面积最大的粮食作物，自然也是除谷子外最重要的主粮之一。王金庄的玉米种类多样，至今仍保留着金皇后、三糙黄、三糙白、白马牙、紫玉米、老黄玉米和老白玉米7个老品种。这些都是经过代代筛选留下的精品，不仅适合当地恶劣的气候条件，还具备较高的营养价值，具有新品种玉米无法比拟的优势。当地人称玉米为"玉茭"，其主要的吃法就是把玉茭磨成面，与其他粮食蔬菜混合食用，制作出当地特有的美食。在以电为动力的钢磨出现以前，人们一直都用传统的石磨将玉茭磨成面，其磨法工序较为复杂：先将晒干后的玉茭放入锅中煮到玉茭粒刚能咬断的程度，放在阴凉地方晾干，再到碾子上推，每推完一次，用筛面的箩将细面筛下，剩余部分继续放到碾子上推。如此重复四五遍，最后将碾子上剩下的玉茭粒的表皮收集起来给牲口吃。筛出的面晒干之后可以保存一年左右。根据老人们的经验，过去碾面会选择在冬天，这样推出来的面不生虫子。但是冬天天短，一天只能推30斤玉茭，一上午还需要两头牲口换着推，人们都是互相借着用。因此，推面的过程也是村民融合关系的上佳时机。电磨出现后，干玉茭粒可直接放在机器中磨成面，因为不能把玉茭皮分离，所以做出来的面口感发硬，不如石碾做出来的面好吃。因此，部分村里人仍然会选择用传统的石磨来磨面。

　　王金庄的物产虽然并不丰富，但在简陋的厨房里，总能看到

小米焖饭　　　　　　　　　　　　　　抿节

人们在平淡日常中的无数创作，村民或许没有叫得响的烹饪技术，但是对于原材料的把握却做到了精益求精。在一种一收之中，他们拥有对于自己口味的独特追求。虽然村里人认为自己所吃的东西不够讲究，但是他们却能抓住饮食当中最为细微的变化，用最为合适的方式使食材的口感最大限度地发挥。小米焖饭、抿节、饸饹便是以当地最普通的小米和玉米为原材料制作出的美食，不仅味道好，还能满足每天的能量需求，这是当地人对于食材的创新之举。

小米焖饭

小米焖饭的一种做法是将白菜或茄子等蔬菜炒好放在锅里，放入小米，加盐加水一起焖熟，吃时不需另配菜便是一道美味可口的佳肴。另有纯小米焖饭做法，配以炒胡萝卜条、土豆丝、野韭花或农家自制的酸菜。小米焖饭配胡萝卜条在涉县民间被戏称为"金米捞饭人参菜"，配酸菜好吃开胃，配野韭花别有风味，有的野韭花里还加了青花椒汁，味道更佳。小米富含丰富的蛋白质、脂肪和维生素，加上蔬菜营养丰富，为村民一天的劳作提供充沛的能量。

抿节

抿节是当地人一直喜爱的食物。用豆杂面、玉米面和少许白面和成团，沸水煮胡萝卜条、干扁豆丝等菜，打满小孔的铁皮加木框为抿节床，用手将面团自小孔抿入锅内沸水煮熟，淬油加葱、盐，浇入锅内即成。

在白面稀缺时期，玉米面是抿节的食材。玉米面黏性不够强，也擀不成面条。后来人们发现，将榆树根脱皮晒干，去石碾上磨成榆皮面，掺到玉米面里，玉米面就有了一定的黏度。用这种两掺面做成抿节，煮到锅里不化。如玉米面缺乏，还可以和豆角籽等豆类混合，碾成杂面。秋天，把南瓜、萝卜、菜根、山药、红薯、豆角等各种菜一齐下锅煮熟，把抿节床放在锅上，攥一把和好的杂面，从抿节床的筛眼里抿下去。此时，往铁勺里倒点油，去火上烧红，油里放进小蒜，待小蒜炒成金黄色时，连勺带调花一齐伸进锅里，立即盖上锅盖，呼噜噜一阵闷响，特殊的油炒小蒜香传遍左邻右舍，走在街上，老远就能闻出是谁家的抿节饭。现在生活好了，人们往杂面里掺白面，做出了新时期的抿节饭。王金庄的抿节也不是仅有一种味道。比如，春天里用的是干豆角、干萝卜条、生红薯片、熟红薯疙瘩，还有独特的紫山药（不适合炒菜只适合煮饭的那种绵山药）；豆角也分多种，黄没丝、青扁豆，等等。不同菜类不同味道，不同季节做的抿节饭，味道自然也就各不相同了。

饸饹

饸饹一般是用榆树皮晒干推成的面，加上玉米面和成面团，然后用一种特制的工具制作而成。这种工具一般为铁制，由三条腿支撑着，大概有半人多高，顶端一个圆柱形中空盛器，将面团放入该盛器中，盛器底部布满圆孔，上面有个圆形铁制的盖子，盖上连接着一个摇杆，摇动摇杆，铁盖就会向下压，将面团从圆孔中压下，便得到了圆形的饸饹。饸饹面做好后，和抿节一样加蔬菜就可以吃了。

如今饸饹的主要原料已经从玉米面变成了白面，制作饸饹的工具也从半人高的铁器变成了可手持的小巧工具。先把面和好，醒面大概

田间野炊

20 分钟，然后炒菜，有时候素食为主，有时候炒点肉，大锅乱炖。等锅里水烧开后，将醒面搓成大小一致的圆柱剂子，放到饸饹床里，盖上盖子，拧上面饼往下压面，面从饸饹床圆孔下来，到锅里就成饸饹了。

野炊与饭市儿

　　野炊是一种极具梯田文化特色的饮食习惯。王金庄满眼都是望不尽的梯田，像是登天的台阶。因为土地分散且距离村庄很远，人们为了不耽误时间，会带着锅碗瓢盆在地里生火做饭，逐渐形成了田间野炊的传统。一般会用几块合适的石板围成炉子，或是天气不好时，直接在梯田间的石庵子里做饭。干柴火也存放在庵子里，防止雨雪天气里找不到干柴生火。过去野炊都是用砂锅，现在则使用更结实的铁锅、铝锅。先烧开水，将水盛出备用，再加凉水烧开，之后做饭。地里有水窖，一般都不用自己带水，在田里吃菜，菜就直接和饭放在一起做。现在人们在田里野炊的内容也不断更新。面条相对于干饭来说更便捷且水量好操控，因此成为人们去地里野炊的首选食材。

炒菜在王金庄村并不常见，人们对于炒菜有另一种叫法："炒盘"。在王金庄人的饮食习惯里，只有来客人或者重大节日仪式上才会炒菜装盘。村民为了节省油和佐料，尽可能将所有的食材一同炒制，菜品和用油都十分少，王金庄人也因此将这种做法戏称为"油吃一点香"。除了炒盘时王金庄人会坐在一张桌子上吃饭，其余进餐时间他们都习惯于分餐。另外，按照王金庄的房屋布局，厨房里除了用来做饭的空间以外，几乎没有空地。因此夏天的时候，人们经常会端上一碗饭到户外空气凉爽的地方吃。吃饭的时候，一只手端上一碗汤，另一只手带上一个窝窝头，再用两根手指头夹上一份辣咸菜，或是菜和饭一起盛上一大碗，从家中出来，三三两两在自家门前或是路口，边吃饭边聊天。这种独特的现象就叫"饭市儿"。

如今已很少有人再去田里野炊了，村里的"饭市儿"也随着电视、电脑、手机的普及而消失不见。以往那种三五成群坐在石板街两旁，或者坐在各家门前的石墩子上谈天说地的场景，业已成为奢侈之事。野炊和饭市儿对于老一辈来说是生活习惯，但是在年轻一代那里，可能仅仅是追念往事时的片段记忆吧。

田间野炊

南院门楼石刻

八　　　　　　　能工巧匠

文 / 卢丽芳、张金垚

王金庄的石房、石板街、门楼与庭院，处处呈现着匠人技艺。木匠、石匠、油漆匠，还有妙手回春的兽医，他们用美和艺术的生活实践，为村庄苦乐相伴的日子增添了一抹色彩。看见他们、走近他们、倾听他们，匠人们自己的故事中有村落的过往，也有时代的印记。

石匠

初到王金庄，满眼皆是石房子、石堰子、石庵子、石板街、石拱券、石狮子、石臼、石碾、石磨……石头早已成为王金庄人生活的一部分，"山高石头多，出门就爬坡"是当地口口相传的谚语。王金庄四面环山，石头资源丰富，就地取材便宜，所以石头在村民日常的生产和生活中用途极为广泛。平平无奇的石头，到了匠人们手中，就变成了实用的农具、结构巧妙的石房、保土兴物的梯田石堰和饶有寓意的家户门联。村民对石头的偏爱和石匠对石头的镌刻，成就了这座壮观的石城。这背后是王金庄石匠们"点石成金"的技艺与故事。

王金庄历代都有石匠，学做石匠需要先下力气，再讲究精雕细琢。镌刻门联时，从选石头到锻造完成，每一步都有讲究。石头都来自王金庄四周的山，石匠选好后自己从山上搬运回家。石头若选不好，雕刻时就易坏、易碎。雕刻前，先要将石头打磨成需要的形状，表面尽量平滑。雕刻时，先将镂纸上的形状在磨好的石头上描摹，而后用工具雕刻石头。工具大多是铁质的，主要有寨（方言，当地石匠自己打造的工具称"寨"）、锻、刀、锤子……雕刻是个技术活，稍不留神石头就容易刻坏，因此需要耐心地凿，最后再以石墨上色，才算大功告成。

石屋的修建也有讲究。石屋的选址大多由前辈决定，建石屋

石枕

门枕石

石鼓

石碾磙

的石头也都是从山上选好后运回来的青石，石匠会将石头切成需
要的形状。石屋的构造近乎一致，一般是四合院，东、西、南、
北各四个房间。坐北朝南的房子是上房，一般都是父母住，南边
是孩子们住。有的家户会将厨房放在西房，娶进门的媳妇都是住
在东西屋。水窖也由石头搭建而成，选好建材之后盖房，最先修
建的即是水窖，位置一般选在墙角。修石屋也会筑土墙，垒筑起
来的时候，会在里边加麦麸、秸秆，增加墙体的稳固性。房子搭
建好后，村民会请石匠在石墙上刻上花纹，增加房子的美观。除
此之外，也会将事先雕刻好的富有寓意的门联安置好。先挖水窖
后盖房，每一步都需要石匠的参与。

石匠技艺在王金庄一代代传承，老一代的石匠都是在生产队
时修水库的集体工程中拜师学艺，一般学艺三年之后方可出师。
向谁拜师，过年时要蒸大馒头，买上礼物看望问候师傅，以示感
恩。"一日为师终身为父"，所以徒弟拜师，特别隆重，除了蒸大
馒头送给师傅表示感激，还会在逢年过节行叩拜礼，以干儿子身

石屋门前

石匠刘彩禄

份礼往。也许正因为如此，王金庄手艺人数量众多，且技艺精湛。

从生命之源的储物、日常起居的避风港、再到整个王金庄村的交通脉络，无不彰显出石匠的鬼斧神工与过人智慧，石匠也早已成为王金庄不可或缺的物与精神的象征。王金庄拥有"点石成金"能力的石匠并不少见，他们勤学苦练，不断打磨技艺，村庄的每处石迹都是他们技艺的展现。石匠精神也呈现出王金庄人艰苦奋斗、开凿创新的精神。然而，现在村中仍在坚持做石匠活的人已经寥寥无几，也没有年轻人来学习这门技艺。做石匠非常辛苦，老石匠们做到五十多岁就不做了，老一辈的石匠们如今囿于身体等原因，多选择做些轻松的活来维持生计。王金庄的石匠技艺正处在失传的边缘，新一代的村民多数选择奔赴城镇工作，石匠技艺由此面临后继无人的现状，精美的石雕、石刻也因此慢慢淡出人们的视野。

桃李满园的刘彩禄

四街刘彩禄（1952 年生）的爷爷、父亲都是石匠。刘彩禄自幼就看父亲刻碑，稍微大点儿了开始学习刻石头。由于长年累月的努力练习，手上的老茧和受伤的痕迹格外明显，但他坚持不懈，从未放弃。后来，刘彩禄成了王金庄最有名的石匠之一。他手艺精，刻法自然多变，王金庄好多门庭都是他所刻。奶奶顶庙会的碑文上，镌刻着刘彩禄的名字；河北省涉县的人大代表刘经鱼去世时立的碑，也是他给做的。因为技艺精湛，刘彩禄还受邀去过山东济宁、山西刻碑。根据碑的不同形状，每块碑的价格都不一样，从几百块到四五千块不等。给经济条件一般的家户刻碑时，他就不会多收钱，同样也会尽心尽力为之雕刻。村里若有石刻活，小到文字图案，大到一整块碑，村民一般都会找他亲自操刀。

刘彩禄为人低调谦逊，对于前来求学的学徒们，从不拒绝，都一一收入门下，让其勤学苦练。在当时，只有拜过师的人才能称为石匠。生产队时期，刘彩禄共收了五名徒弟，大徒弟王凤如，二徒弟王宝

老石匠李天顺
涉县农业农村局提供

修塘坝
涉县农业农村局提供

194

平，三徒弟曹书魁，四徒弟曹纪如，五徒弟王海富。三徒弟曹书魁的技艺最厉害，现在五街开了石料厂，依靠现代化工具刻碑，操持旧业，至今还能靠这门技艺养家糊口。拜师的时候徒弟要给师傅磕头，很久以前拜师，徒弟还要给师傅钱。但在刘彩禄收徒时规矩变了，徒弟不再给钱了。徒弟们平时会来看望师傅，还会帮师傅盖房子等。每逢新年，师傅会蒸上大馒头、炒些菜，叫徒弟们来家里喝酒吃饭。刘彩禄的父亲去世的时候，徒弟们都来披麻戴孝。一般一个徒弟要教三年才能出师，三年不能离开师傅身边，师傅干什么活，徒弟们就要帮着去干。徒弟们需要自己动手，如果刻坏了也没关系，刘彩禄就让他们继续雕刻。刘彩禄说："万事不能急于求成，刚开始的时候不能批评徒弟们，要保持耐心。开始教徒弟的时候，白天是钻石头，晚上是教画画。三年之后，徒弟们学有所成，就可以自己出去接活了。"徒弟们第一年干活，师傅不给徒弟钱，从师的后两年开始给工资，一般一天给徒弟30元钱，一个月900元。在十几年前，做一块碑3000元，刘彩禄因为技艺超群，有时候会连做十几块石碑。

木匠

王金庄手艺人颇多，技艺精湛，木匠也是能工巧匠的主力军。俗话说学木匠要"三年斧的二年锛"——要学习一技之长，就要锲而不舍。王金庄最典型的木制品是家家户户的门楼，五街李富江家的门楼可谓王金庄一大宝，已经有几百年历史，历经岁月沧桑，仍保留得相对完整。经过此处的人无不驻足欣赏，其背后的故事或许只有木匠才能说清楚。

门楼的制作流程非常复杂。选材是门学问，做门楼一般用柏木，也用荆疙瘩（荆条的根），材料都是从王金庄四周的山上寻找。选定好木材之后就要进行抛光、打蜡、再抛光等一套复杂的程序。原生的柏木单是抛光就需要三天。木匠们称，做门楼是个精细活，需要有足够的耐心。而后，对选定的木材进行雕刻。木匠们会在纸张上画一个设计稿，门楼中的平方、立方、屏风、风卷头、龙头、顶天柱、祥云等怎么布局，怎么雕刻，怎么上色，都要木匠和户主仔细合计。熟练的木匠会把图案直接画在木材上，而后寻求户主的意见。每一种图案都有不同的寓意，木匠会根据户主的身份和需求制图，这也是门楼的奥妙所在。图案选定之后，就需要木匠用刻刀在柏木上进行雕刻，一副门楼一般需要雕刻十天半个月左右。各部分雕刻好并涂上颜色，晾晒几天后，就可以拼接起来组装成精美的门楼。多年之前，门楼都是纯手工雕。现在虽有机器，但仍以手工为主，因为要把门楼做"活"，还是得依靠手工的细致打磨。

木匠与石匠一样，白天雕刻，晚上学画画，该去地里干活时仍需要去地里干活。木匠也可以干修农具的活，做门楼和修农具的工资相差不大，但是刻门楼是细活，一天半天完成不了太多，细活要长时间才能完成，反之，做农具需要的工时较少。如今，王金庄村民的生活水平提高了，大家都盖起了砖楼瓦房，老式门楼与新房子无法搭配在一起。村民说老式门楼制作过程烦琐，需要找木匠精雕细琢，大多数村民为了省事、提高建屋效率，就从简处理了。渐渐地，村中鲜有老式门楼的身影，木匠也逐渐转行向根雕艺术品和家具加工制造业。

根雕艺术家李海南

五街的李海南（1956 年生）以前是一名戏剧演员，且对木工活有极大的兴趣。如果从五街沿着石板街一路前行，就会看到一个"艺锋根雕"的牌匾，"艺锋"是李海南的艺名。从开始做木工活到现在（2021），李海南从未拜师学艺，全凭个人的热爱和钻研精神支撑。虽然不怎么做王金庄的特色老门楼，但是李海南每天都在自己小小的木工屋

196

里细细地雕琢着木制品，屋里陈列着各式根雕手工艺品。李海南在谈及门楼时说："门楼内涵丰富、寓意深刻。雕刻一副门楼前，家户的门楼图案一般是木工师傅自己选择，木工师傅会根据这家的人员情况、家风特征，将适合的图案元素融合起来。比如一家户主是个中医，那么门楼就用到中医图案。不同的图案如门庭的石刻一般，也有不同的寓意，比如仙桃寓意长寿，莲花象征吉利，还有龙。但在以前，龙都是大户人家才用，普通人家不敢用龙。用龙较为讲究，是根据家户的家庭情况、地位来说的，有的家户不敢用，有的门楼有六个龙头。"李海南种地之余才做根雕，做根雕时先在木头上画出图案，刻好后，再打蜡。用蜂蜜蜡的话，遇阴雨天就变得黏糊了。做根雕不能用油漆，油漆会遮盖住木头本身的气息，上核桃油最好，静待油冷却后根雕也成型了。

紧跟时代的木匠李贵金

王金庄也有技艺娴熟的木工但不做老门楼的。五街的李贵金

（1958 年生），曾经拜过好几位师傅，从事木匠活多年，如今只做家具。这里的手艺人有个不成文的规矩：不拜师就不能给人干活。生产队时期，人们都在生产队干活，无法出远门，在村里能当上个木工是相当不错的，算是技术型人才。生产队有个老木工，李贵金跟着他干，一开始做小木头板凳，手艺还不精。当时师傅也不收学费，想学就去学，跟着师傅先做出一个小板凳就算是师傅的徒弟了。学徒三个月出师，如果自己在实操的时候有什么不会、不懂的地方，可以再回去学习，向师傅取经。再接着，李贵金又拜了个师傅，学做牲口背上驮的鞍子、犁地的农具"梨"和播种的农具"种"。

在做农具和小板凳时，李贵金都是自己去山上找木头。凭借多年的经验，他认为杨木最好，柳木太硬。有些木头时间长了就开裂了、坏了，但是杨木不管到什么时候都能保持原来的样子，不变形。

再后来，李贵金觉得做这些挣不了太多钱，无法养家糊口，于是又向包武钢厂的一位东北师傅拜师学艺。这位师傅专做沙发等家具，李贵金跟着他勤学苦练，学了两三年。他做家具、卖家具，在那时挣了不少钱，苦学的汗水没有白费。

在 20 世纪七八十年代，人人结婚都需要一套家具。小木板凳也是家家必备，而且制作较为简单，成型快，成本低，样式简单大方又好看。有时候李贵金忙不过来，还得雇人一起做，生意红火，也让更多的人想学做木匠。如今王金庄年轻一辈的手艺人很少，原本干木工活的匠人们也有转行做装修的。李贵金也不例外，用机器代替人工做精装家具。家户盖房需要梁、椽做大接口，则由家户自己去山上找回木料，李贵金只出技术、出工艺，不出原材料。

木匠工具

油匠

王金庄的门楼和墙面上有许多生动美妙的图案，少不了油匠的增光添彩。旧时能绘画者即称为油匠，他们大多是因为个人爱好，自幼喜爱画画，所以选择做油匠。生产队时期，年轻的油匠们在农忙中挤出时间作画，在田间地头，用石子、树叶、树枝，在地上、叶子上，一边记工分一边作画，一边干活一边打磨自己的技艺。年轻人成长为一名真正的油匠时，就可以为有丧事的家户做事，主要负责棺材上的彩绘，祈佑逝者安息。

门楼作画也是油匠的工作之一。有的门楼是一整块的，不需要拼接，家户找好木头、找木匠雕刻好后，就让油匠在上面直接作画。画的寓意极有讲究，比如八仙过海图，是为了吉利；娶媳妇时画个"招亲"，也是寓意吉祥如意、事事顺心。门楼并不是一成不变的，绘画过的门楼仍然可以修改，即称"抹了"，木匠用工具将原本的画抹掉，重新绘画并上色。有的家户稍懂得画作，就自己选择让油匠作什么画，不懂得画作的家户就让油匠自行决定，不分高低贵贱，只图个吉利和福气，所以会有很多家户门楼的图画重复的现象。

多才多艺的曹凤禄

王金庄的油匠较少，曹凤禄（1956年生）是村里难得的技艺不凡的油匠。他时常在家中制作彩绘泥塑，在农历初一、十五庙会期间做些小买卖来补贴家用。他除了会画门楼，还会画墙画，他自家墙上就有自己画的一幅彩绘关公。

曹凤禄从小就特别爱画画，但是家里困难，在生产队时没念书、不识字，就到地里干活。10来岁的年纪，到地里干完活，在石头上画自己喜欢的，或是用石头尖在地里画，有时对照着身边的草木作画。曹凤禄的模仿能力强，纵使不识字，只要有图案，就能对照着刻画出一

南院额枋木刻

南院额枋木刻

幅作品，后来在 30 多岁自学成才，绘得一手好画。他还会刻石头。他说："多一门技艺，饿不死自己。"

好学不倦的王魁廷

一街的王魁廷（1956 年生）生来爱画画，因家庭条件所限，只好自己摸索着学习，看到书上哪里画得好，就撕下来贴到本子上，比对着画。人民公社时期，北京画师史国良来到王金庄写生，画山水，王魁廷就三番五次跑去看，史国良注意到了这个 15 岁余的少年，就问他："你是不是爱画画啊？""爱！"王魁廷脱口而出。史国良就免费教了他一些画画的功夫。作为感谢，王魁廷给史国良买了 1 块钱的小松鼠，与史国良至今保持着信件往来。功夫不负有心人，王魁廷的勤学苦练有了成效，生产队里的门楼、自家的门楼都是他自己画的。

除了门楼之外，王金庄的很多庙和牌坊也都是王魁廷画的。不同主题的庙要绘上不同的图案，如关帝庙画桃园结义、七十二公等。去名胜古迹游玩的时候，王魁廷会关注名胜古迹的风格。他在总结自己的绘画经验时说："什么东西都离不开白色，画一会儿就加一点深色，最后是颜色最深的，画就会有立体感。这些都是我自己摸索出来的。看看人家的，然后自己总结总结，会一个就都会了，一通百通。当时去山西那边做工，绘画就分为里色和外色。里面和外面是两个不一样的颜色，分成七个渐变色就会有立体感。这些透视关系、比例啥的都有讲究。"

在传承这个问题上，王魁廷说："没有人再愿意学习画门楼，做油匠必须得花心思费工夫，三个月、六个月都学不出来，好多人可能就没有这个耐心，赚不到钱时，更是想放弃。"王魁廷做一个双层门楼得三天，若是更加细致绘画，则需要更久。很多年轻人都不愿意学，王魁廷也就不收学徒了。王魁廷的儿子虽从小受他的影响，对画画也有浓厚的兴趣，还去唐山学过画画，但后来也放弃了这门技艺。

兽医

驴是王金庄的一宝，被视为家户的一员，兽医自然也是必不可少。王金庄在 20 世纪 70 年代建立了兽医站，建立之初只有两位专业的兽医，为方圆几十里地的驴儿医治疑难病症。除了偏方，兽医也有简单的医疗器械，驴儿有了大病，主人就得去兽医站找医生。到 80 年代，专业的兽医人数渐渐多了起来，有王礼全、王长顺（拐里村）、王书吉、赵军祥（禅房村）、曹榜名等。1984 年开始，兽医站渐渐没落，民间涌现出李维聚、赵文苍、李德的、付书所等兽医，其中李维聚、李德的和付书所是一家三代行医治驴：李维聚将一身医术传了侄子李德的，李德的后又传给了自己的亲外甥付书所。

驴生病了会使性子，一般是卧地耍赖、不吃不喝、乱跳乱跑，或是肚子疼、肠结（便秘）等。在生产队时期，人可以吃不饱、穿不暖，但是一定要保证驴儿的生命安全，因为没了驴，农民也就失去了生存的基础。王金庄村有一些偏方可医治驴病，有时也真就应了效。

寒了不吃草

农民秀才王林定（1961 年生）16 岁的时候，其父亲在生产队当饲养员喂驴，村集体有几头驴，主要用来做集体生产耕地用。有一天，有头驴突然就不吃草了，只喝水，很是奇怪。王林定看到这种情况对父亲说："驴不吃草就让它下午干活，它就是不听话！"父亲反问他："今天你不吃饭能干活吗？驴不吃草就不能干活。"年轻的林定回答道："不吃饭我不行。"父亲语重心长道："这个道理不是一样的吗？驴儿就得人去关心，人不心疼、关心它，驴儿就不能耕地了，不能再受人使唤。"随后，父亲找到拐里村的兽医王长顺（1916 年生），跟他讲了情况。王长顺说："它不吃草，你把咱穿的布鞋帮子、鞋底剪了，用火点燃，熏它鼻子。然后驴儿会流水鼻涕。再熏一熏，直到驴儿不流水鼻涕了，就好了。这是偏方，不打针不吃药。要是喂药的话，驴儿不听话，不好喂，所以得用最简单的办法。"

火了不喝水

王林定有个邻居叫王永怀，包产到户以后，有一天，他的驴儿出现的症状是光吃草，不喝水。驴儿不喝水就不小便，小便不顺畅，驴儿卧立难安。王永怀就找当时的兽医王礼全（1901年生），王礼全说："不要买药，用偏方。用冷水泡咱自产的黄小米，泡上一个多小时后，让驴儿喝这个米水。"王永怀就照着做了。驴儿喝了这米水之后，又变得活力满满。后也就演变为一句经验谚语——火了不喝水。

驴儿需要主人精心照顾，如干了活之后不能到风口休息，不然驴会感冒，感冒了就不吃不喝，还有中风的风险，所以只能到半阴半阳的地儿歇息。干了一天的活之后，驴儿会在地上打滚，是谓"驴打滚"。边打滚边打哈欠，是在表达自己"解放了、放松了"，打哈欠是像人一样放松身体。没干活时驴儿在地上打滚，一般是挠痒痒，把地皮当蹭灰蹭土渣儿的好地方了。驴儿干活辛苦，一日三餐全靠主人照料，"洗澡"也靠主人，用鬃毛刷子在驴背上轻轻地刷来刷去，刷掉驴儿身上的灰尘。主人爱护它、心疼它，驴儿干活就有劲，也才长寿、温顺听话。

目前，全村尚有牲口285头，其中骡子56头，毛驴229头。兽医仅剩一位，就是四街的曹榜名（1956年生），他将是王金庄最后一位兽医。也许有一天，牲口会被现代化机器全部代替，那时候消失的不仅是兽医这一职业，更是一份祖祖辈辈延续下来的生活记忆。

老人与石屋
刘莉 摄

红土场学校正门

九　人世教化

文 / 尉韩旭、宋金科

周五申时，那挂在西边山头的暖阳晒得人慵懒。梯田上的农人刚放下铁锄，坐上石堰，用袖口使劲抹去额头汗滴，眼神放空望向远方。四街井边洗完衣服的妇女，将湿漉漉的双手在衣裤两边来回蹭蹭，还没来得及互相八卦几句，便端起衣盆匆匆赶去一街。随着下课铃传遍山洼，无数稚嫩的欢呼声交织一片，自村东头瞬间涌出——那是幼儿园和小学的孩子们"熬"到了周末。

王金庄幼儿园地处一街村村委会对面，2013 年自三街南楼迁于此地。与之隔道相望的王金庄小学，2016 年自二街红土场学校迁至东地嘴，原王金庄联中所在地。此前一年，王金庄中学停办，联中撤并到井店中学。

入学开蒙

王金庄幼儿教育的职责历来由各家户的妇女承担，直到 1958 年五个生产大队各自兴办幼儿园，才将妇女劳动力从家庭教育与家务活中解放出来。都说"妇女能顶半边天"，解放出来的王金庄女人既参加秋收、深翻土地、大炼钢铁等生产活动，又承担起了幼儿园教书育人之责。也是从那时起，幼儿教育的种子在王金庄这片土地上悄悄播撒、萌芽。1961 年因经济困难，五所幼儿园相继停办，一直到 1967 年国家经济恢复后，村里各生产大队才又建起"育红班"，聘任教师，共招收了 96 名幼儿入班。1981 年"育红班"改名为学前班。不过此时招收学生的年龄从育红班的 4 ～ 6 岁提高至 6 ～ 7 岁，教学内容也变成了以小学一年级教材为基准，各学前班不再是"解放妇女劳动力""教化幼儿"的"托儿所"，更像是小学入学前的正规培训，就连教师的聘任也成了专职薪金制。到 1988 年时，全村入班儿童 125 名，6 周岁儿童入学率达 93%，全部幼儿教师通过培训任教。进入 21 世纪以后，王金庄兴办了专职幼儿园，开始统一购置转椅、滑梯等文体设施，学校条件与县级规定相匹配，办学越来越正规。

在王金庄幼儿园几十年的发展史中，幼儿教育的接力棒不断传递，园长从曹书安到刘学贵再到赵二凤，他们带着"捧着一颗心来，不带半根草去"的理想信念，投身于王金庄幼儿教育事业，几十年如一日辛苦耕耘。正如他们自己所说："教育是一份薪火相传的事业，需要我们去坚守、去耕耘，去点亮自己！"正是这些投身于幼儿教育的奉献者的薪火相传，才有了王金庄良好的人才基础。

王金庄的小学最早可追溯至清朝末年废科举、推行近代教育的封建教育制度改良，全村众多私塾更名为小学堂。而到了民国元年时，依据教育部颁布的《普通教育暂行办法》，王金庄的小学堂更名为小学校，并在 1936 年成立起联办小学。1938 年，日军第二次对涉县进行全面扫荡，联办小学被迫中断，王金庄小学教育事业陷入停滞。困难的日子里，终日与炮火为伴，村民们在保全生命的同时依然没有放弃儿童教育的希望，北院的抗日小学便是在硝烟中诞生。孩子们边躲避着日军一次又一次的轰炸与突击，边在布满尘埃的昏暗教室中诵读那些抗日救亡、保家卫国的英雄故事。

然而祸不单行，1943 年时王金庄遭遇了严重的蝗灾与旱灾，粮食收成甚微。别说上学，生活都成了问题。那时老师便干脆带着学生爬上田间地头挖野菜、灭蝗虫、积肥、开荒、割草、挖药材，边耕边读、寓耕于读。1945 年抗战胜利，为王金庄的教育事业带来了曙光。抗日小学更名为初级小学继续开办，甚至破天荒地办起了女子小学。服务于战争、服务于生产，那时的小学教育，与救亡图存的时代命运紧密相连。

此后，村民愈发认识到教育的重要意义。但奈何经济落后、条件艰苦，1945年时，只好先由一街与二街在前椒房合办起"王联前校"，而三、四、五街在后椒房合办起"王联后校"，直到1958年各街才分别建起自己的小学，并依然强调教育为生产建设服务——这也成了村民口中的"耕读学校"，也就是学生"半耕半读"，农忙时下地、农闲时读书，却也算是实现了"山乡孩子能上学"的质朴愿望。1962年，王金庄人民公社在前椒房与红土场两地创建了公立性质的联办高级小学（简称"高小"）。如此一来，各街村的耕读小学作为特殊的"初级小学"，便只负责一至三年级的教学，四至六年级的孩童要去往"高级小学"，这成为村内小学教育的重要里程碑。据曾在王金庄四街村小学担任老师的李胜祥回忆，他在即将退休之时曾向上级反复写信，希望能将最后一拨三年级学生带完："我钱也不要你的，让我把这一拨学生送走我就退休。"然而事情未能如愿，这也成为他心里一辈子的遗憾。

　　1971年，受"两个估计"的教育价值倾向影响，全国教学质量严重下降。《毛主席语录》和"老三篇"——《为人民服务》《纪念白求恩》《愚公移山》成了学生的新教材，"大批判"成了课堂知识的新内涵。五街村的李肥定说，那时的教学很混乱，上课用的教材都为各个省自编，内容空虚肤浅，没有什么正经知识。尽管国家紧接着提出教育整顿，恢复考试和学生升、留级制度，然而在"四人帮"的干扰和破坏下，王金庄小学也紧跟着开展了"反回潮""批林、批孔"运动，教育秩序愈发混乱。老师一年两期集中学习政治文化，平常搞宣传、批判，学生则放假在家。直到1976年"文革"结束后才逐渐拉回正轨，大改课堂教学，重视德智体美劳全面发展，成立了科技、书法、绘画、音乐、美术等各类活动小组。每个礼拜还有劳动课，每个星期要安排一个整天或两个半天去修梯田。"大人带着小孩们，带上铁钳、铁锹、锄头，背上担着装土、石头的担子去干活。"然而不幸的

212

是，1996 年 8 月 1 日，一场百年不遇的特大洪灾瞬间将一幢幢平房摧毁殆尽，各街的小学也未能幸免。"先复校保学，后恢复重建"，村两委的一句话使山村学生重燃希望。为了自己的孩子，也为了别人的孩子，村民争相出力、捐款，多方筹资 11 万元，日夜奋战 30 多天，硬生生将砖墙扶起，将瓦顶全全，让孩子们终能在 9 月如期进入学堂。

进入 21 世纪后，一街、二街小学合并到了二街村委，三、四、五街小学合并到了五街村委，形成了一、二、三年级就读于二街和五街小学，四至六年级就读于红土场高小的衔接模式，并于 2005 年在国家的帮扶支持下，建起了物理、化学、生物实验室，图书室，计算机电教室，音体器材室等各类配备均达到国家一类标准的综合教学楼。除了完善的教学设施，教学内容也紧跟国家脚步，除了推行素质教育并随之开展各类文体活动外，2006 年又在三至六年级引入英语课程。次年，二街和五街两个初级教学点撤办，并入王金庄村红土场高小。至此，经过 70 年的发展，王金庄终于有了完整的小学。

王金庄的第一所初中是 1958 年在三街曹氏宗祠开办的农业初中，仅办学两年便因遭受自然灾害而停办，直到 1964 年又在前椒房重新开办，王金庄的孩子便不必再跑去井店镇借读高中。1968 年，农业初中更名为王金庄社中，同时又开办了王金庄第一所高中，与初中共享前椒房的几间教室，多出的初中学生便只好去红土场上课。1975 年，王金庄初中与高中一并迁至一街东地嘴的四间教室，教学条件改善许多。1982 年，初中更名为王金庄乡中，1996 年又更名为王金庄联中，并最终于 2015 年撤并至井店中学。而王金庄高中早在 1980 年时便因师资力量欠缺而停办。

老人与石屋
刘莉 摄

红土场学校

红土场位于王金庄北坡羊圈旮旯，因深达几十米的红土而得名。红土饱含氧化铁，黏性大、透气性差，并不适宜种植作物，却依然被村民视为宝贝。生产队时人们常会在红土中藏红薯，一入秋便在红土地上刨出一个个深坑，将红薯埋于其中，冬天冻不烂，夏天也晒不透。各家各户修建的石质水窖也需要红土。将红土和白灰按比例和成浆灌进石头缝里，便能防渗水、防变形。这样一处普普通通的小地段，因1945年王金庄联合前校坐落于此而与教育结了缘。

1961年，村民们以一块荒废大池为基，合力建起五间教室，次年又建起五间，终于将王金庄联办高级小学成立起来。1971年又办起了初中。1975年王金庄初中迁至东地嘴，次年又扩建红土场上的高级小学，改名为"王金庄村办小学"，正式将红土场、前椒房的两处小学一齐合并于此。那时的村办小学负责的是孩童四至六年级的教育，加上其前身是"联办高级小学"，因此村民还总称之为"高小"。至于一至三年级的教育任务，则落到了各街村的"初级小学"。其中，1972年建立的二街村初级小学就处在这片红土场上，直到2002年与一街小学合并才搬至二街村委。如此一来，从王金庄社中、王联前校到王联高小，再到村办小学和二街小学，红土场上的学校换了又换，从这里走出的孩子一批又一批。而那些在历史记忆中逐渐模糊的学校名，也都深融于那几十米厚的红土中，被统称为"红土场学校"。

尽管逐渐走向正规，但由于老师少、学生少，那时的红土场小学还不能像如今这般分年级、分科目教学。曾任红土场小学校长的李存林，是1985年涉县师范学校毕业后去往王金庄教书的。他回忆说，那时的老师们都是如他这样，先毕业、后下放，数量并不多；而各年级学生人数少，也无法撑起一个班的容量。

因此小学便采取了复式班级教学，也就是由两个或两个以上年级组成一个班一起上课，每堂课中每个年级大约授课十几分钟，而那些未被授课的年级便需要自行完成各自的学习任务。再加上教室简陋，那时的红土场小学看起来更像是旧时先生开办的私塾，秉持着有教无类的教育理念，将年龄不一的孩子融在一起，互教互学。孩子们在这里种下了希望的种子，成为日后村建水库、公路、隧道、改河造田、兴修梯田等工程的技工人才。这所普普通通的红土场小学，承载了无数个家庭的梦想。也许在平淡生活中，村民们往往会忽略王金庄小学的过往，但一旦忆起，那些宝贵的记忆便难以止息。

1992 年，红土场学校修建起了一、二层砖瓦水泥房用作教学楼，1996 年时加盖一层，并在教学楼南侧建起了两座小红楼教室，1998 年又在主教学楼西侧建起了南北走向的二层楼房。至此，红土场学校一改从前"一间平房立红土"的简陋面貌，成为一所"像模像样"的学校：北侧三层主教学楼、西侧二层小楼、东侧一层平房和南侧两间小红楼共同组成了完整的"四合院"；两座小红楼之间封闭的长廊则形成了校门，孩子们常常会在长廊墙上随手涂鸦。2015 年，王金庄响应国家撤点并校的号召，将村小学迁至王金庄原初中旧址东地嘴。延续了 70 多年的红土场学校至此谢幕，遗留下的"四合院"已然成了盖房材料的存放处，广场堆满泥沙，建筑墙皮脱落，栏杆锈迹斑斑。

2020 年，为了积极推动旱作梯田的保护工作，在涉县县委和政府的指导下，井店镇党委及政府、县农业农村局对废弃的学校进行了全面改造，昔日的红土场学校拥有了一个响亮的名号——"涉县旱作石堰梯田系统王金庄研究院"，内部常设王金庄农民种子银行和涉县梯田展馆。这里不仅成为传习华北乡土文化的研学场所，还因中国农业大学农业文化遗产研究团队自 2015 年以来的持续驻村调研，而成为校地合作的实践基地。王树梁在

虹上场学校院落

学校改造竣工之时，曾撰碑文记录了这一事件的缘起与愿景。

中国农业大学研究生校外实践基地碑记

古有孔夫子，周游讲学创儒家学说；今有社会各界，筹资助教弘扬农耕文化。红土场校址二十世纪六十年代为王金庄高小，继改成公社初中、村办小学。二零二零年，穷乡僻壤，幸遇贤人慧眼，将弃址视为宝地。中国农业大学、涉县县委、县政府、县农业农村局、井店镇党委、政府多方筹资数十万元，将闲置校舍改建一新，旨在发掘传统智慧，助力乡村振兴。以杯茶施渴者，只解燃眉；兴学助教，如开泉灌禾，益在久远。该基地建成堪称远见卓识。莘莘学子，唯有孜孜不倦，学业有成，报效国家，方可慰党恩，报办学者拳拳赤心。

二零二零年六月

如今的红土场学校基本保留了原初的形态，依然是村民记忆中的模样。学校正门修建了新的刻花石拱，"耕读"二字硕然其上；穿过门廊，踏入广场，学校之貌一览无余。西侧的二层小楼改造为 8 间宿舍，开办各类研习营时可容纳 40 余人；东侧 3 间平房是厨房与杂物间，南侧原本用作教室的两间红楼则成了餐厅。白色瓷板砖为底、红色横线点缀墙面的北侧主楼简洁干净，一层变为活动室，门外挂着梯田协会与王金庄研究院的标牌，用作开会与教学；二层是办公室；三层则将西边两间小教室打通，设为"涉县梯田展馆"，东边的一间教室是"王金庄农民种子银行"。

种子银行早在 2018 年便已开办，最初坐落于五街村村委。那时，刚刚成立不久的梯田协会招募起志愿者团队，在全村范围内调查作物，共收集、保存传统农作物 26 科 57 属 77 种，其中包括 171 个传统农家品种，之后更是将调查收集范围扩展到西坡、张家庄等周边村。像生长在南崖圪台的八叶"老紫玉

种子银行

米"、五街北坡的七叶"金皇后",还有"二马牙玉米""岭头山
药""洼地高粱""岗上棉花"等优质作物种子,不仅延续了老品
种的生命力,更能适应王金庄的地理气候条件——无论干旱水
涝,均能保证收成。如今这些种子都装在玻璃器皿中,贴好标
签,一排排摆放在种子银行的陈列架上,品种、编码一目了然。
到了播种时节,谁家要是缺种子,或是想换个品种种植,都可以
跑来借一点。此外,种子银行的管理人员还会常去外地参加"种
子网络"培训交流,与内蒙古敖汉旗、江苏昆山、云南玉龙等地
的农民一同交流技术、交换种子,并把相关经验带回村里,给乡
亲们讲解普及。如此一来,多样的作物品种与精巧的耕作技术,
与王金庄"藏粮于地""储粮于仓"的储存技术、"节粮于口"的
生存技巧及天人合一的石堰梯田系统相交相融,保证了丰富的农
业种质资源。

　　种子银行西边的涉县梯田展馆于2021年11月竣工,展览
内容分"寻踪""共栖""熟稔""钟秀""问道"五个部分,从王
金庄的地理位置与历史渊源讲起,回顾百年间王金庄人民如何借

助当地物候条件，创造出漫山石堰梯田和精妙的储水、保墒与耕作的技术及器具，并在与自然及社会的交融共处中形成了多样的习俗节庆、民俗信仰与石头及毛驴文化。最后的"问道"篇展示了涉县农业与农村在当前寻道路、谋发展的一系列规划与努力，更是向参观者提问：跨越百年的旱作梯田系统，该如何存续？

学堂记忆

带上锄与耙，赶着驴儿踏向梯田，与土地在挥锄间起舞，与种子在撒播中击掌，日复一日，年复一年。也许去大山那边望一望，曾是许多生在群山环抱的王金庄人的第一个梦想，于是便有了一声声指案传道、一声声埋头诵读。怀着对乡村故土的眷恋、对山外世界的期盼，老师年轻的思考与孩童幼稚的心灵在一间间石屋土宅里彼此交织，用半截石磺粉笔、一片青石黑板，将故事书写在了每位王金庄人的记忆中。

开办学堂，首先要有能讲授知识、解答疑惑的老师。1949年前后王金庄经济萧条、条件艰苦，很难从村外聘请老师。于是村里一些曾在民国学堂念书，或上过私塾的男人和妇女便自愿承担起教书育人的责任，在北院，在前椒房及后椒房，甚至在自己家中，有了老师与学生，一间普通民房便也成了学堂。1958年，随着五个生产大队各自开办的小学相继成立，王金庄开始有了"民办教师"，挣工分、分分红。虽叫"教师"，他们的身份却还是农民，大都是念完初中的本村村民，由大队筛选后回到各街小学及王联高小教书。一直到20世纪70年代，王金庄办起了高中，还有了去武安师范及涉县师范学校上学的推荐指标，大批高中、大学学成归来的青年男女开始陆续回乡任教——高中毕业的教小学，大学毕业的教中学。先从各街村小学和初中的民办教师干起，再一步步转为村联办小学及社办高中的公办教师。

刚回乡教书的民办教师工资十分低微，往往无法解决全部的生计问题，同时还要忍受艰苦的教学条件。19岁便成为初中民办教师的李肥定回忆说，老师代课所用"粉笔"都是从山上捡回的弄成小块的黄色石磺，在土墙上写字教书是常态。由于学生多，年龄跨度大，学校多采用复式班级教学，一、二、三年级在一个教室中围坐上课，老师先教一年级，其次是二年级，最后三年级，期间的辛苦可想而知。尽管如此，那份扎根于乡土的教书热忱，始终支撑着一些青年人做出抉择。他们中有初中毕业的李胜祥、高中毕业的王永江和王所吉，也有大学毕业的李书吉等人。

那时的学校，苦的不仅是老师，孩子们也苦。小孩子虽讨人喜爱，但养孩子却成了家里的"负担"。家长一年到头不仅挣不上钱，有两三个小孩的家里每年还要给生产队交钱和公粮，小孩自然常常吃不饱、穿不暖。放学回家饿了，只能吃点有核的软枣或是晒干的萝卜条，不然就是糠，弄熟了碾成面，便成了炒面。一到冬天则更加艰苦，吃不饱不说，一个个小小的身板子还得扛过零下十几度的低温。十几岁的孩子们没有厚棉衣穿，只好里里外外穿五层衣服，脖颈上便漏出五层领子，头上裹着个白手巾，鼓鼓囊囊活像一个个五六十岁的老头，肩凑肩挤在一间小教室里，围坐在小火炉旁听课。

尽管上学艰苦，但能够上学对孩子们来说依然是件幸事。在王金庄，每年有大批学龄孩童无法进入学堂。有些孩童是因为教师资源稀缺而滞留，无法正常升学；有些孩童无法上学则是因为重男轻女的思想，认为女孩上学没必要，把家务活干好、把家里的庄稼收好，这才是立本的大事。此外，一个最为重要的原因则是家庭生计——一旦孩子学不会功课而成绩较差时，家长迫于现实考虑也会逐渐放弃让他们求学，而让孩子做点更加实际的工作。

艰辛求学的孩子们

　　五街村的李肥定回忆起自己的学生年代时说，每天早晨上学之前，父母早起抓一搓小米，一两有余，再倒上一大锅水，熬一早上便能端出四五碗"小米粥"。说叫粥，但称"汤"更为合适：锅底的米粒聚一聚盛出来一碗——这是给孩子的，大人们自己喝的便只剩下泡出小米的清白色米汤。尽管如此，小孩们还是吃不饱，家长便把前几日的糠炒面做成炒面块，让孩子装在兜里带到学校吃，或是仅带点萝卜条充饥。可别小看这些，这可是课余时间孩童饿得不行时的口粮。许多孩子吃完了或是家里没带，还得偷偷问别人要一点。到了冬天则更加难熬，孩子们最外层的薄棉衣冬天穿完了便掏过来里子朝外过年，过完年再掏回来。但淘气的孩子哪能顾得上这些，棉衣的里外早已磨破，棉花团在一起成片掉落。

　　上学虽艰辛，但无法上学却更加难过。五街村的曹海魁回忆起自己初中毕业后因家庭原因而无法升入高中的往事："那时家里很穷，虽说到学校不用学费，但也上不起。那时没有煤炭、电，即使是才2分钱1斤的炭，家里也买不起，因此要是家里的孩子不上学就可以帮着爹娘去搂树叶，到地里割柴。"初中毕业的他十分爱学习，但那时王金庄社办高中早已撤销，若是想继续升学便只能去往井店，这是他的家庭无法承担的。因为若是将孩子送去镇上读书，家里除了要向生产队交款外，秋天分的粮食也将少许多。"老师也给我爹我娘说，还是做不通工作，所以我就哭鼻子。我哭了5天，几乎就5天没吃饭！太想念书了！"梦想之光慢慢黯淡，但如今回想，他也没什么抱怨："确实家里条件不好，不是不让念，而是不能念。"李肥定说起他70多岁的邻居，小时候只上过一两天学："那时他带着一个装药丸的小纸盒子，里面有几个两三厘米的小粉笔头，胳肢窝里夹着一本小破书。第二天上完课，放学的时候一边哭喊着学不会，一边走回了家，之后便再没来过学校。"感叹不逢时遇，一言无奈深埋于心，却也提命后辈知晓如今读书机会之珍贵。

艰苦的条件挡不住孩子们学习的热情，多年的教学努力也从未付诸东流，王金庄的小学、初中教育成绩斐然，一度全县有名：1985 年至 1995 年，王金庄升学率连续 11 年保持全县第一！如此优异的成绩自然吸引了众多人前来求学，近有张家庄、玉林井，远至井店镇，家长都纷纷将孩子送到这里上学。究其原因，师资水平高是必然，但不可忽视的是，生长在山沟里的孩童，终日安安静静与鸟鸣驴啼为伴，一心想着学习走出大山，勤奋苦读之心毅然。

苦读是走出深山的出路

李书吉老师谈起王金庄教学成绩优异的原因，谦虚地先把功劳推给孩子们。他说，孩子们成绩好并不只是先天性的智慧："永远也忘不了孩子们求知若渴、想要走出村庄的那坚定眼神。"20 世纪 70 年代的教学时间安排与现在相仿，早晨 7 点自习，8 点开始上课。1 节课 45 分钟，上午有 4 节课加 1 节自习，而下午则有 3 节课外加 2 节半自习，这一上便要到晚上 6 点。吃过晚饭后休息半个小时，便要开始晚自习，一直上到晚上 10 点。王金庄的孩子还好，许多其他村的走读生便常常要披星戴月回家，第二日照常 7 点坐在教室中——孩子们的努力有目共睹。

教学安排紧凑与孩子们的用功是一个方面，"还有一个重要的原因，就是那时候的小孩很听话、好管理"。李肥定曾讲到自己带领班里的毕业生去往井店寨坡山照毕业照的情景："小孩们高兴坏了，步行 20 多里地去照相不觉得累，一路又唱又跳，觉得去过井店那就是见了世面了。"幼稚的心灵俏皮又纯真，虽不谙世事，却知道学习是他们走出深山的唯一出路。

戏语人生

　　王金庄现有两座剧院，一座在一街，一座在五街，建筑风格十分相似。三面围墙，皆由红砖砌成，外呈灰白色墙面；舞台坐南朝北，高近五尺。自正面看，两个立柱分居舞台左右，柱上有一平拱凌空于舞台之上，平拱之上挑出挑檐，整个结构活似硕大的八仙桌，桌前绘着三朵牡丹，颜色鲜亮。挑檐之上是山墙，墙面中央有颗红色五角星，与旁边簇拥着的油墨花团交相辉映；山墙两端低矮，又如阶梯般向中央爬升至最高点，掩映着剧院后那铺满梯田、层叠攀升的群山。两个剧院的区别实在细微——一街剧院更高，舞台纵深略深，而五街剧院则是舞台开间稍宽——大概只有在舞台上表演过的艺术家和当年的建造工程师方能说清吧。

　　两座剧院外观之所以相似，大概是由于修建于同一年。然而要说起历史渊源，一街剧院要久远得多。位于一街村村南，紧贴二街花椒生产合作社的一街剧院始建于清朝道光十六年（1836），于民国八年（1919）补修过一次，那时的剧院外观已无法考。1966 年"文革"期间，为适应八种样板戏的演出需求，将剧院从"前后流水阁扇型"重建为"左右流水大舞台型"。而如今的一街剧院，则是 1983 年在王全有书记的带领下重修，将剧院改为 2 层 14 间钢筋混凝土出檐楼，同时还修建了东耳房 3 间、西耳房 5 间、11 间北房和大门，形成了四合院式的围合型空间。这使得一街剧院成为一个极具功能性的场所：除了庙会与过节演出外，东、西、北侧的耳房成了村民的文娱活动中心和村总支开会办公之所。

　　位于五街村委对面广场的五街剧院也修建于 1983 年，是四街与五街村民在刘乃吉的带领下，自发捐地、捐钱、捐工修建而

梨园子弟李海楠

王金庄山花平调落子剧团
刘莉 摄

成。那时建立五街剧院的民声响亮，一方面是由于四街老戏楼的拆除致使村民无处听戏，另一方面是为了纪念五街山花剧团的成立。据村民回忆，曾是 20 世纪 50 年代王金庄小落子剧团一员的刘乃吉，逆着县政府"只许唱新戏、革命戏"的要求，发动村民齐力修建剧院，险些遭受牢狱之灾。相较于一街剧院，五街剧院的功能要单一不少。由于是开放式的空间布局，四周也没有相称的平房，因此除了庙会与节庆外，五街剧院便再无他用，仅有台前的小广场是人们茶余饭后的健身活动之所。

　　每逢春节与农历正月十五，或是农历二月十五物资交流会、三月十五奶奶顶庙会和九月十五关帝庙会时，原本以蓝色工程铁皮封住的舞台便会重现生机。节日庆典大都是村民们自发举办，从前还有王金庄自己的剧团上台唱戏，如今多是村民文艺汇演。每逢三个庙会场面更为盛大，村委要用庙会收到的香火钱从外地请来专业剧团唱戏，所唱戏剧也多种多样，如武安平调、落子、上党落子、河南豫剧、坠子、四股弦等等。但若问起村民最喜欢哪些戏，涉县剧团常唱的《状元打更》《斩杨景》，以及评剧《卖妙郎》、平调《狸猫换太子》常常呼声最高。二月十五物资交流会一般要唱戏四至五天，而三月十五奶奶顶庙会则会唱戏三天。拿奶奶顶庙会来说，剧团十四晚上七点至十点唱，这叫起戏；十五唱两场，十六唱三场，有时十七也会唱。

王金庄人爱听戏、爱看戏。据村志记载，早在抗日战争和解放战争期间，村里便有吹歌班，也就是人们常说的"十样景"，以及剧团、宣传队等，围绕"抗战救国""独立解放"的主题，《范小丑参军》《家庭》等剧目激荡人心。1955年，王金庄组建起了真正意义上的剧团，名为小落子剧团，唱起了百姓喜闻乐见的落子戏，旦角也开始由男性扮演。然而"破四旧"让这个成立十年的小剧团丧失了生命力，取而代之的是"文革"期间的毛泽东思想文艺宣传队，剧目也便成了固定的样板戏。一直到1982年冬天五街大队山花平调落子剧团的成立，古装戏才重新回归。

五街剧院正是为了纪念山花剧团的建立而修建。更早些时候，除了一街剧院，村民们一般是去四街戏楼看戏，以每年农历正月十五"转九曲"的九曲剧场最为盛大。四街戏楼全称四街南场古戏台，也就是人们口中的戏台子，早在清朝咸丰年间便已存在，如今已被拆除卖作民房，戏楼的外观便也永远封存在了历史记忆中。据记载，四街戏楼建筑古朴质雅，加上东西滴水，水平投影面积共81.83平方米，献殿加上西山外空地共98.6平方米，总占地面积达到了283.43平方米，由刘世来和刘善文无偿捐出自家的麻地作地基而兴建。能修建起如此规模的戏楼，足以彰显王金庄人对戏曲的热爱。

五街村的李海魁十分热爱戏曲，曾经也是五街山花剧团的一员。他能拉二胡、吹唢呐。小时候跟着父亲的小落子剧团有模有样摆弄唢呐，中学时又自学了二胡，从未请过老师专门教授。家里没有二胡，便到剧团借一个来练；自己不识谱，便照着乐理

戏剧
刘莉 摄

书自己去抠;"文革"期间没有古装戏,便跟着样板戏自编小节
目……久而久之,练就了一身本领。如今山花剧团早已解散,李
海魁的一身才艺也没了用武之地。

病有所医

　　王金庄第一个官办性质的医疗所成立于1952年,称"王金
庄卫生所",1958年人民公社成立后更名为"公社卫生院",坐
落于二街王当柱家中。然而这时的卫生院规模还很小,虽有院
长、工作人员之分,但全院加起来一共仅有三名工作人员。尽管
规模小,但相配套的接生站将现代接生手段传至王金庄,一改从
前生孩子后"躺秆草窝""涮肠"的古法手段,不仅提升了生育
成功率,还保护了许多妇女身体健康。1968年,王庆有联合涉
县医校毕业的几人一起在曹氏祠堂成立了王金庄村卫生所。那
时经历了爱国卫生运动,天花、性病、鼠疫等传染病早已消灭,
又普及了各类疫苗,全村的医疗卫生水平就此提升了一个台阶。
1969年,王金庄全面实施合作医疗,五道街各自办起了合作医
疗卫生室,田间地头、百姓家里都有"赤脚医生"的身影。到了
1972年,为整合医疗资源,全村的合作医疗点又合并为一个卫
生室,并在之后几年中迅速发展,不仅在一街村口建起了13间
土木结构房屋、人员规模扩展至五人,还先后购置了X线机、B
超机、心电图仪等医疗设备,开设了内科、肝科、妇科,与现代
医疗接上了轨。而传统的中医治疗手段并未因此废弃,除了针
灸、艾灸、放血、拔罐等,医务人员常常会上山采药挖药,自制
成中药丸,像山楂丸、地黄丸和四消丸等,不仅有效,还帮村民
节省了许多费用。
　　除了官方医疗,王金庄的民间医术也十分高超。最初那些走

街串巷、进家行医的医生多被称为"游医"。清朝时村里便有刘敬明、曹志魁、曹昌顺、王国英等精通医术之人，"望、闻、问、切"后配几种山坡上野生的中草药煎汤，常能药到病除。王金庄历史上第一个民间"医疗所"，是清朝嘉庆年间由曹氏九世祖曹志魁创立的"三和堂"药店，以治牙疳病闻名至今。据载曹志魁行医有术，卖药有方，但因后世子孙不爱好医学，曹家的医道便也断了香火，唯有牙疳的诊断与配药记述成文而流传至今。据传，牙疳药在曹氏十六世祖以前并不管用，直到十七世祖曹成章后方起成效。说是那时正好碰上了个患牙疳病的士兵前来买药，而这士兵家中正好也卖牙疳药。曹成章与他一对药方，才知缺了两味药，补齐后果真灵验，可谓药到病除。于是兄弟仨重新开办起"三和堂"药店，工工整整地写上招牌悬挂在影壁墙外。中华人民共和国成立以后，尽管没有了江湖游医，但像李福元、李己顺、王庆有、曹乃吉、曹相怀、曹福定等"在岗医生"也常会利用早晚时间，业余为村民诊治疾病。如今，民间医疗香火依然未断。随着1995年二街曹安的，五街李江明、李小明、李海现，以及三街付建民建起个体卫生室，王金庄的民间医疗队伍逐渐壮大，成为当地医疗体系中不可或缺的组成部分。

正月十五
刘莉 摄

十

村落仪礼

文/江璐

在独特的自然环境和生产方式之下，王金庄人形成了一套与生命节律和农事周期相匹配的生活礼俗。从出生礼、婚礼到葬礼，从腊八为麻雀过生日到冬至给毛驴一碗面，从建房的"上梁""谢土"到农历正月十五的灯会社火，无不蕴含着村民对风调雨顺和五谷丰登的期盼，以及对自然和祖先的敬畏与崇拜之情。正是这些展现老百姓的生活智慧和地域风情的仪式活动，让家族成员和乡亲邻里的扶助变得格外温暖，让那些寻常的日子变得有滋有味。

出生仪式

这是人生的开端礼，为新生儿祝吉是其核心内容。在王金庄的传统里，新生儿出生三天后，父母会邀请亲戚和本家到家里"吃米汤"，即用小米熬成粥食用。待到婴儿出生第九天左右，亲戚们需要"瞧孩子"，一般带来二尺花布和二升白面（1升=1千克）送给主人家。待到孩子满月时，母亲带着婴儿回姥姥家一趟，之后便可以自由出门走动。在王金庄人看来，新生儿身体娇弱，如果在满月前随意出门，会不利于身体健康。

待孩子满一周岁时，家里会为其举行"抓周"的仪式。届时，孩子坐在中间，家人把锄头、笔、本子、书籍、算盘、筷子或剪刀等物品摆在孩子周围，让刚学会攀爬的孩子来为自己的"未来"做出稚嫩选择。当地人认为，抓周所用之物对应着不同的职业或者习性，锄头对应农民，书本对应知识分子，算盘代表商人，剪刀代表裁缝，筷子代表贪吃，等等。人们认为孩子当下的选择能预示其成年的发展状态，因此父母们都希望自己的孩子能够抓到笔、本，希望子女日后能知书达理。

如今，王金庄的婴儿出生礼有些变化。再提及"吃米汤"，已经不只是过去的小米粥，现在还可以用大米粥、面疙瘩汤、挂面汤等品种来代替。此外，"瞧孩子"送的花布、白面如今也多直接以礼金代替。礼金的多少没有定数，少则几元，多则几百，依据亲戚的经济条件和关系远近而各有差异。不过，关系远近程度相似的亲戚通常会商量给定的金额，尽量达成一致。此外，近些年，越来越多的年轻父母会在新生儿"满月""百天"之际聘请摄影团队给孩子拍上几组艺术照，而后上传网络社交平台作为留念。

婚嫁仪式

婚嫁仪式的举行标志着一对男女组成一个新的家庭，并且共同履行繁衍后代、延续家庭的社会责任和义务。

20 世纪 90 年代以前，王金庄人姻缘多是媒人介绍，自由恋爱还不算流行。不过，同在一个村里往来，即使不如竹马青梅般熟悉，但平日里低头不见抬头见，大家大都互相认识，所以一经提及，同龄的青年男女之间多少都会有些许情愫。凡经媒人联系的、确定双方都满意的，就基本可以定亲了。

定亲，男方准备一尺青一尺红、衣服和现金若干、用红线穿在一起的四根针、四个盐坷垃、四个干酵子块（俗称"酵坷垃"），由媒人将礼送给女方。青红为信物，衣服和现金为彩礼，红线穿针寓意"千米姻缘一线牵"，盐坷垃寓意"二人有缘分"，干酵子块寓意"发家"。

过礼，即男方向女方送彩礼。彩礼大致有现金、布匹、衣服、棉花、首饰、家具等，具体依照各家经济状况而定。如果女方家庭经济条件尚可，或者双方都很认可这门亲事，那女方家也不会在彩礼方面有过多要求。在王金庄，对于彩礼的处理，绝大

婚礼
刘莉 摄

多数女方父母都会信守原则，"不花女儿一分钱"，父母替她存个三年两载，婚姻稳定后会如数返回，有的甚至还多返些，只盼小两口和和睦睦，恩恩爱爱。

　　择吉日，就是选定结婚的日子。王金庄人通常找的是住在四街的阴阳先生刘云榜来"看日子"。阴阳先生对吉日的选择主要是根据女方生辰八字来确定，以期提高新婚夫妇生育子女的几率。同时，阴阳先生也会根据新人的生肖以及女方的生辰来确定"忌三相"，即婚礼前的若干天内，这对新人不能与该属相的人碰面；而该属相的人也应该避免出现在新人的婚礼现场。阴阳先生会将哪三个属相的人不能见、哪个日子不能见等详细信息誊写在一张红纸上，郑重交给男女双方。届时，办婚礼的人家可以将红纸贴在大门上，让来往的乡亲自行避让。婚礼之前，男方需要蒸好花馍，并煮好椒叶和麻花。

娶亲，就是迎娶新娘的仪式。婚礼当天，新郎大约九点多出门，一般十二点之前把新娘接回，接亲队伍会沿路放鞭炮。进新娘家门前，新郎需要先朝拜新娘家门口的天地窨。进入新娘家门后，等待多时的女方亲友就开始喜气洋洋地"闹新郎"。新郎需要付"穿鞋钱""上轿钱"给新娘的兄弟、姐妹，让一众亲朋好友开心满意了，新娘才会穿新鞋子、上花轿。不管是上轿还是下轿，都需要新娘的哥哥或者小叔子抱上抱下，新娘子的脚不可随意沾地。

　　接亲队伍回到新郎家之后，需要先在门口撒五谷、点燃秆草，由一人拿着秆草绕新娘周身扫一圈，防止"邪淫鬼祟"近身。随后新郎交给新娘一个木头托盘，上面摆放一个秤，当地人讲究"以秤为整、以斗为准"，寓意上供的供品都是完整的。待跨过门口摆放的鞍子后，新娘便可以进屋，不过进屋后并非可以随意落座。无论是坐的位置，还是面对的方向，都是提前找阴阳先生看过的。随后，会有一个生肖属相与新娘比较合的人，给新娘"上头"，即把新娘子原本散着的头发换成网子头，寓意已为人妇。在当地，新娘到新郎家第二天才"拜天地"。

　　20世纪60年代，是村里忙着修路开荒的时候。那时候，结婚需要到生产队登记。彩礼一般包括一张锨、一个镢、一具箩头，具体明细都会被生产队登记在册。当时新人结婚都会被队里统一安排在农历月份的初五、十五和廿五等日子。婚礼当天，新人们白天依旧干活。待到傍晚收工回来之后，到公社办个仪式，仪式结束后新娘就跟着新郎回家。在那个年代，新人没有美丽的衣服，也不接待亲朋好友、摆酒席，最多就是吃一顿油条，第二天又继续上地干活去了。

　　如今，王金庄的男女更讲究自由恋爱，过往牵桥搭线的媒人大多成了摆设，通常由新人的亲戚担任，走走仪式过场。彩礼的数额也在不断增加，七八万到十几万元不等。接亲时用的花轿也

晒被子纪实
刘莉 摄

已经被小汽车所代替。"上轿钱""下轿钱"也变成了"上车钱"和"下车钱"。此外，婚礼流程还多了个"改口"的环节：新郎、新娘需郑重其事地称呼彼此的父母为"爸妈"或是"爹娘"。通常双方父母都会给新人带去"改口费"。一般而言，婆家给新娘的红包通常是一千零一块，寓意"千米挑一"，或者一万零一块，寓意"万里挑一"。娘家也给新郎"改口费"，但通常会低一些。

丧葬仪式

　　丧礼是一个生命对世界最后的告别。对于王金庄人来说，丧礼能让死去的人安宁，也是对活着的人的安抚，他们将安葬父母的过程称为"打发老人"。

　　王金庄人对于死亡不会避而不谈，反而会提前为另一个世界的生活打点。很多老人会自己提前准备好棺木，并请来木匠做棺材，俗称"打喜材"。棺木的好坏分上、中、下三等。上等的棺木是柏木，最好的是"十二圆心"或"四独"，其次是"八块头""六块头"[1]，越厚越好；中等者为楸木、槐木、松木等；下等者多为桐木等。"喜材"打成后要"翻棺"，主家准备二尺红布，蒸一桌馒头供于棺前，烧香磕头，另准备红布、馒头等送给木匠当谢礼，再由老人的女婿、外甥等给木匠"翻棺钱"。除此之外，很多老人会自己——或者要求子女为自己——提前准备寿衣，选

1　　这些说法均指一副棺木所用的木板数量。"十二圆心"指用十二棵柏树树心的木头制成一副棺材。因为柏树树心的木头最不易腐烂，价格也最贵，所以为上等。"四独"指用四块板，即底部、盖子及左右两侧各一块板。
　　"六块头"指用六块板，即底部、盖子各两块，左右两侧各一块；"八块头"则指用八块板，即底部、盖子及左右两侧各两块。
　　"九块头"的棺木最多，即左右两侧和底部都由两块组成，盖由三块组成。这样的棺材盖子正中间没有缝隙，不会让尘土迷死者的眼睛。

定坟地，打好墓室，以求长寿。

老人将逝之时，儿女们要为其穿好寿衣。一是为了避免死后身体僵硬穿不上寿衣，二是人们认为让老人"光着身子走"是不吉利的，没来得及给老人穿衣服的子女也会被认为不孝。寿衣除衬衣、夹衣和棉衣外，男穿袍、脚蹬黑帮厚底靴，头戴红缨帽；女上穿氅、下系裙，戴黑"包头"或"凤凰冠"，脚蹬青蛇盘兔绣鞋。身份地位较高的女性亡者还会着上等寿衣，当地有"飞鸟裙，卧鸟氅，十二只凤凰担肩蟒"之说。但是这种情况不多见，很多时候是被认定为"屈死"的女性才会如此穿着，这是其娘家人为厚葬她所求。

等老人离世之后，立即有一系列的做法来引导死者顺利地走向另一个世界。首先，需不停地焚烧纸钱，称"上路钱"，以买通路上阻挠的小鬼及狱吏；其次，需烙"打狗饼"陪葬，小饼类似铜圆大小，数量与死者年岁相等，置放于袖筒内，以打发路上的鬼怪动物；最后，放一枚硬钱于亡者口中，称"噙口钱"。随后，将亡者移入冰棺，以白纸盖脸，以麻丝束缚双脚，并头枕鸡鸣元宝枕，身盖绸缎被，停放于灵堂之中。棺材前摆放供桌，点灯、烧香、供面条、馒头等食物。在灵堂地下铺草，孝子在棺前跪拜，以报答父母养育之恩。还需在大门中间贴白色方纸，并在大门上悬挂纸幡以告丧事。外嫁的女儿一路哭丧，返回娘家，并向本家长辈磕头。

老人离世的当晚，或次日早晨，孝子需拟定好主丧（俗称"管库"）及受忙人，并由此开始，亲友邻里间大量的人力、物力、财力汇聚于丧家，共同送亡者最后一程。主丧和受忙人明确责任划分之后，需请阴阳先生确定重要日期，请油匠师傅装饰棺材，请娱乐班来吹拉弹唱等等，再确定8~12个抬棺材的亲友。如果没有提前准备棺材、墓室，还需请木匠、石匠、打墓人来制作。如是女性亡者，她的"后代"（即娘家侄子），需要来一至两

葬礼
刘莉 摄

葬礼
刘莉 摄

244

次，除了祭拜亡者之外，也要共同商议丧事的具体细则，并详细了解亡者是否被婆家或子女好好对待。如果遇到受虐待甚至"屈死"的情况，娘家"后代"会声讨甚至责打，为亡者讨回公道。

出殡的日子由阴阳先生确定，一般来说忌七，"逢七不下葬"。出殡当天上午，所有亲戚的下一代都要送"栲栳"（纸与糨糊制成的圆形或六边形的容器，大约15厘米宽，7~8厘米深），内装6~8个麻糖或两元现金。下午，女儿和儿媳为亡者铺棺材。到了出殡的时刻，主事人高喊："孝子出灵、磕头、谢后亲、谢库里、谢锅上、谢忙人，起殡——"孝子随即跪在棺前，逝者入棺并用被子盖住。盖上棺盖后，长子（如长子先逝由次子或长孙代替）摔砂锅，一时间子孙悲恸，鞭炮齐鸣，众人抬棺出殡。女婿、外甥在队伍前列放鞭炮，送殡人拿上花圈紧随其后，吹唱班在其后边吹边打。孝子走在棺材前，长子一手挂"引灵幡"，一手挂哀杖，娘舅家的表哥或表弟搀扶棺木，其他孝子紧随其后。亡者的女儿、儿媳、侄女、孙女等女性亲眷则跟在棺材后面，并每人都手拿一个麻糖，入葬时撒入墓内，称"添富贵"。行至村口，孝子向乡亲们磕头，以表感谢。

到了墓地，长子进入墓穴内用笤帚从里往外倒着清扫灰土，不可回头。退出后，棺材下葬，点上长明灯，以引导死者不至于在路上迷失方向，随即封上墓门。埋土先由孝子每人填上三锹，众人再填。接近填妥时，需在墓头撒"五谷"。再将"引灵幡"插于墓顶，随后孝子逐一往起拔，最后由长子拔起并倒放于墓顶上，称为"拔富贵"。事毕，女眷坐地哭丧，男性磕头。返回途中，丧家门口放置水盆，内置一把菜刀，每个从坟上回来的人都得摸一下刀，以除邪气。等人回齐后，孝子向亲友们磕头，以表感谢。

出殡后，由丧偶的中老年妇女为丧家扫炕、扫院子。同时还需"解利"，这一环节由三人共同完成，一人用秆草火燎、一人拿烧热的铧尖边沿院子走边往上浇醋（旧时浇"浆水"）、一人撒"五谷"。亡者下葬、宅院清扫后，葬礼也宣告结束。

建房迁居

王金庄的平地很少，人们为了有住得踏实的安身之所，免不了不断地与土地山林等自然资源打交道，而这过程中古老的传统习俗与民间智慧不停地规范着百姓与自然的关系。

过去，王金庄人选地建宅，总需要请风水先生来"相宅"，也叫"瞧庄"，即确定位置、房屋坐向及院型。"瞧庄"是明确房子总体的理想状态，讲究的是前面开阔朝阳，背后有靠，左右有倚，在设计院落时，尽可能满足这些要求。王金庄人祖祖辈辈积累了很多造房建屋的原则。例如，院落布局最好是大门在东南方向，厨房居主房左侧，而厕所居西南角。大门若正冲主房，则在门内设一薄墙，称"影壁"；大门若正对高山或前有河岸，则在门外设"影壁"，"挡风聚脉，庭院含秀"。再如，房外若有河谷、道路，则视为不吉，应在外墙石刻"泰山石敢当"以破除。但是，随着生活条件的改变，很多原则王金庄人也不会再严格遵守。例如过去认为门口的宽度要大于窗户，否则不吉利，现在的人们对于屋内的采光更为重视，这条原则很多人也不再遵守。

房屋院落的规划确定后，便迎来了破土动工之日。动工的日子需事先请风水先生择个吉期，为免在"太岁头上动土"，就要选择"偷修日"，即"太岁"的休息日。动土前，主家需要在地基上立石，贴写有"姜太公在此诸神退位"的红纸。一切安排妥当，工匠们便可动工。

在建造房屋的整个过程之中，"上梁"是极为重要的一个环节。同样，先请风水先生择黄道吉日。与大多数的吉日都期盼艳

南院院落

民居石院

阳高照不同，所谓"掏钱难买雨浇梁"，王金庄人认为"上梁"
在下雨天最吉。上梁当天，主梁系红绸条或桃弓柳箭红绳，并贴
上写有"姜太公在此诸神退位""黄道吉日上梁大吉"等字样的
红纸。梁起，随即燃香、放鞭炮，热闹非凡。过去上梁时忌女性
在场，现在大多不再遵守。

"上梁"之后，便是瓦房覆顶。瓦顶讲求摆直线，层层相压，
行数要单数不要双数，并"五脊六兽"。王金庄人屋顶上的垂脊
兽嘴不会正对邻居，因为要避免"兽吃"邻居而导致邻里关系不
和。若实在无法改变，可用砂锅扣砂锅的样式予以破除。

房屋盖成之后，王金庄人通常会专门酬谢土神和帮忙的亲
友，称"谢土"。此事项并非需要立即进行，主人入住后的一至
三年内皆可。过去"谢土"是一件大事，本家、近亲都会前来参
加。具体仪式的举办时间多在晚上，蒸供品、摆水果、上香、烧
纸，一家人跪于家神前，并请阴阳先生诵经念书。整个仪式持续
一个小时，氛围肃穆。谢毕，主人放鞭炮，到场亲友一起吃饭，
其乐融融。此俗在 2000 年前后逐渐消失。

正月十五闹社火

春节之后，辞旧迎新，阖家团圆，各家各户结束了上一年的
劳作，新一年的劳作还未开始，有了空闲，所以大家也能够聚在
一起热闹热闹。村里有"元宵越热闹，五谷越丰登"的说法。从
农历正月初五开始，就有村民聚在一起，商讨排演节目。正月
十一、十二左右，村里就搭好了灯山、摆好了九曲阵。灯山是一
种祭祀兼装饰性的物件，由木板搭成，中间是小房子的形状，里
面供奉玉皇大帝的神像，上面摆灯；九曲阵则是由木桩组成的迷
宫，用绳子和彩灯来连接木桩，设置出口和入口，一旦进入需要

正月十五
刘莉 摄

闹社火
刘莉 摄

正月十五
刘莉 摄

连转九个弯才可出来。转九曲有祛病消灾的说法，村里也有"转转九曲场，来年考个状元郎""转转九曲灯，生男生女都聪明"之说。

正月十四，白天祭祖，到了晚上，王金庄人在自家的神位、门前、院中、房顶上、楼上、厕所里都点上灯盏，保持不灭。随后的十五、十六也如此。由此，元宵节的活动也正式拉开序幕。大家扶老携幼，纷纷在搭好的灯山前点起篝火，一起扭秧歌跳舞。当晚也有不少年轻人守夜，他们抬着大鼓，从一街到五街，边走边敲，并停留在今年"赚了大钱"的人家门口，向他们庆贺。这家人也会出来发一些红包，一起玩闹一番。敲鼓一般会持续到凌晨两点左右。

正月十五上午，人们在大路上看"闹社火"，都是村民从初五就开始准备的节目。节目的形式多种多样，题材有历史的、有

闹社火
刘莉 摄

现代的；表演形式有演唱、舞蹈、秧歌、竹马、旱船、高抬、武术、花车等，花样繁多。晚上，通常会全家出动，扶老携幼，看烟火、转九曲，在灯山前的篝火旁扭秧歌跳舞，一时间人头攒动，喜气洋洋，好一幅张灯结彩的绚丽景象。

　　正月十六晚上，各家"烤百病"，把不要的鞋子烤一烤，以祛"邪气"，接着继续放烟火，看文艺节目。直到所有活动结束，回到家，盛出提前煮好的汤，并拿上三炷香到村外的路口"送家亲"，把回家过年的亲人魂魄送走。

　　李彦国曾这样描述元宵节"闹社火"：

　　　　这一天全村人出动，家里空无一人，都站在街两旁，有的站在高台上，有的站在房顶上，小媳妇、大闺女、老爷爷、老奶奶，母亲把孩子顶到头上，生怕孩子看不清楚，等待村西头一个个奇迹的到来。来

闹社火
刘莉 摄

了，擂大鼓的领头，"咚不隆咚，咚不隆咚"，那么洒脱，那么气派。

文戏上场，人潮涌来，圈子越来越小，不能演了。耍绳鞭的光着脊背不知寒冷，抡起长鞭旋转，围着的人群一涌一涌往后退去。猛听见，鞭梢在半空中一声巨响，场子已被震得宽宽敞敞。又一个光脊背的搬一张桌子放在街当央，脸朝上躺了上去，鼓鼓地露着肚皮，三叔往他肚上放一根高粱秆。突然间，远处出现一个光背大汉，高举大刀，飞奔而来，吓得三叔连连后退。说时迟，那时快，大汉一刀砍在了高粱秆上。高粱秆没砍断，当然肚子也没被砍破。观众紧张的心总算放下了。操刀大汉，伸出拇指在刀刃上摸了两下，摇摇头，觉得他的刀不够快，去磨石上磨起来。磨好后拿根铁丝试试，把铁丝剁成两截。大汉嘻嘻一笑，继续向桌子飞奔而去，这一下把高粱秆剁得飞出老高。观看的妇女孩子都吓得捂住了脸。一个节目演完，又一个节目上场，从五街闹到一街，整整闹一上午。

腊八麻雀生日

农历腊月初八，王金庄人有早上吃小豆稠饭的习俗。小豆稠饭是用小米、杂豆等熬制而成的。在自己吃饭之前，王金庄人会在门口、梯子和房顶上撒一些饭，让麻雀吃。关于此做法的原因，有两种说法。第一种是，很久以前麻雀从远处把谷子衔来，掉在地上，谷子才得以在王金庄生长，所以人们在腊八节给麻雀吃小米报恩。另一种说法是，因为麻雀会吃掉谷子，所以王金庄人希望用米汤糊住麻雀的嘴巴，不让它们继续糟蹋粮食。

冬至驴生日

王金庄山高坡陡，梯田也多在半山腰之上。如果只靠人力来运输肥料、庄稼等，会花费很多的时间和精力。在长期的劳动实践中，毛驴和骡子由于在爬坡能力、寿命、耐力、体力等多方面的突出表现，获得了王金庄人的青睐，成为这里的主要牲畜。春耕、秋收，一年中梯田里的活计，总是离不开毛驴的身影。

因为驴骡在农事上的重要作用，王金庄人会精心地呵护与照看它们。每年冬至这天，人们会给驴骡过生日。因此，冬至日又被称为"牲口生日"或者"驴生日"。当地谚语有"打一千，骂一万，冬至喂驴一碗面"的说法，意思是无论你平时如何对待驴骡，在这天一定要给驴吃碗面条，草料也要最好的。当地人通过面条和优质的草料犒劳驴，感谢驴一年以来的辛勤劳作与忍辱负重。

供奉龙王
刘莉 摄

十一　　　人神共居

文 / 庄琳、尉韩旭

垒土积成的梯田是人们白天劳作之所，石头筑成的房屋是夜晚休息之地。绝大多数王金庄人，一生中的大部分时光，都在土地与房屋之间的往返中度过。土是生机，家是庇护。但总有一些时候、一些事件，超越了土地与家屋所能承载的极限。在灾难降临之时，在生活无奈之际，美好的祈盼与天地精灵结合在一起，世间于是有了神的踪影。

　　王金庄大大小小的庙宇共有十座。有的在近期重修，外表鲜艳精致，微微散发着尚未挥散的油漆味；有的于近代重修，在专人照看下屹立如初，只有房檐下的灰尘和龟裂的喷涂昭示着岁月悠悠；有的则在历经风霜雨雪后，无人修复管理，如今仅剩残垣。这些或新或旧、或存或毁的庙宇，承载着王金庄人对神祇的想象：九奶奶佑人、龙王爷司水、马王爷护驴；关帝与山神，一首一尾地立于村东与村西，迎来送往、挡邪镇灾；流着"不老水"的山脚下，外来的和尚率领众人修起一座寺庙；野狐修炼成仙，游荡在山野，亦徜徉于田间。

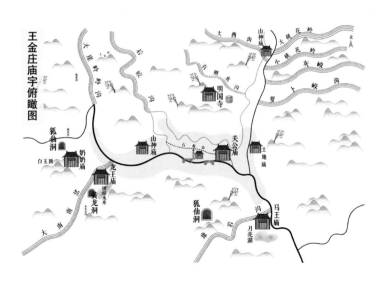

白玉顶奶奶庙

王金庄庙宇众多，香火最盛的是白玉顶奶奶庙。原因无他，只因这位奶奶管的是让子孙代代繁衍生息的头等大事。农耕社会，历来祈盼人丁兴旺。那呱呱坠地的婴儿，不仅是家族血脉的延续者，亦是一家之历史、一家之记忆的守望者与传承者。王金庄缺土少水，却能历经困顿而人口不减，饱尝艰辛而瓜瓞绵绵。在人们朴素的观念里，那是因为一位神女降福泽于此地，护佑村人世世代代绵延不绝。

神女的行宫在哪儿呢？在村西大南沟，黄龙洞西北金磐山上，名为白玉顶碧霞元君奶奶庙。奶奶庙现有主庙 3 间，坐北朝南。另建有伙房、碑记房、香客接待室等，共 10 余间，均为青石砖木结构，占地 1500 平方米。主庙廊檐的两根石柱上，分别刻有"坐太山镇神州巍巍乎娲皇圣母""掌东岳灵应宫赫赫然碧霞元君"的字样。庙内塑碧霞元君等神像数尊。相传，这村西的白玉顶上本没有庙。有一年夏天，四街村民刘二全发现该地晚上时不时有亮光，认为有灵气，于是就用几块石头砌了个小庙。到了 20 世纪 30 年代后期，身为神婆的五街刘家媳妇王果的，找到当时联保主任（相当于村长）付生锡（二街人），要求扩建庙宇。因为该地在村子上端，付生锡担心庙压村对村民不利，便不同意在此处建庙。两人在二街王玉维（王茂廷的父亲）门前争辩，公说公有理，婆说婆有理，引来不少村民。神婆王果的急了，两手一拍大腿，嗖地一下，这个小脚老婆儿竟毫不费力地坐到了王玉维门前两米多高的影壁顶上。此情此景，令付生锡及围观村民惊讶不已，看来在白玉顶上建庙真是神的旨意。于是，付生锡只好带头，领着村民们盖庙。而据可考资料，白玉顶奶奶庙始建于民国二十七年（1938）冬。由刘书党、曹玉章率众募钱1912 文，村民捐工所建。彼时，村中木匠李起发、曹善云、李

届会
刘莉 摄

永生、刘建章、李守法、李存柱、李步居、曹福锁和曹水元均参与了建造。

　　十里八乡的老百姓，见土地瘠薄、"鸟不拉屎"的王金庄却人丁兴旺，认为此地一定是得了神灵庇护，便都来白玉顶参拜，祈求奶奶保佑自己的家族子孙昌盛。坐镇奶奶顶的奶奶，究竟是何方神圣？石联上书娲皇圣母、碧霞元君，但老百姓的说法则是九奶奶。九奶奶是怎么来的呢？事情要从玉皇大帝还没飞升时说起。玉皇大帝张万顺（也有人说叫张友），在人间时是个老财主，行了很多善事。当时天上的神仙想要找个贤德之人来统治大家，但太白金星等大神仙都不想当。于是众仙决定到人间走访，寻找一个德才兼备之人。行至南方，在一个三千多口人的村子打听到张万顺这个人德行很好，太白金星遂请他去天上当皇帝。张万顺答应了，但担心自己的庄园。太白金星便让他在半夜子时之前，把庄园周围都插上竹棍，这样飞升时就可以把庄园带到天上去。插竹棍时，邻居家的两个女儿也过来帮忙，刚插完竹棍便到了子时，这俩姑娘还没来得及走，就也被带到了天上。于是加上玉皇

彩旌幡
江璐 摄

大帝本来的七个女儿，他就有了九个女儿。这第九个女儿，就是老百姓所供奉的九奶奶。

九奶奶神通广大，有求必应。因此即便山势陡峻、土路难行，都打消不了乡民的热情。自建庙至土地改革时被拆毁前，奶奶庙一直香火鼎盛。土地改革及后来的人民公社时期，奶奶庙经年沉寂，徒留残垣，神像也消褪了颜色，瓦砾中生出野花野草，伴着山风年复一年地摇曳。直至 1990 年仲秋，王金庄村民自发筹资 5688 元，对白玉顶奶奶庙进行了重修。据说，重修的牵头人与当年掀庙的带头人都是同一批人，谁当时参与了毁庙，谁后来就主动去修庙。拆庙是政治任务，但对于神灵，心里总归充满愧疚。自此，农历每月的初一、十五，每年的三月十五，老百姓就会群集于山顶的殿堂里。

2006 年，香客为了好走路，自发捐工将上山的路修成了一千多个规则石阶，山路笔直，穿云直入。路修好了，村里邪门的事却接二连三地发生。拿三街来说，很多外出的年轻人都死于横祸，村民惴惴不安，不知是哪里出了差错。后来请了村外的一位神婆来给村子看风水，登上奶奶顶的过程中发现了问题：从奶奶顶上往下眺望，王金庄形如大鱼，五街似鱼头，一街若鱼尾，村中房屋就是大鱼的鱼鳞，奶奶顶山路则对着鱼腹；恰好山路中途有一座当时修建的石桥，桥身就像一张拉满的弓，山道就成了弦上箭，直射向王金庄这条鱼。找到了问题所在，村民商议过后打算重修这条山路。2016年的农历正月二十八，由刘玉良组织，村里发动义工，仅用35天时间就改修好了如今的"之"字形山路，山路共35盘，意为三月十五奶奶顶庙会。这条路修好后，不仅便于香客登山进香，也改善了五街村民到大南沟种地的路况，可谓皆大欢喜。

田家少闲月。从早春至隆冬，除年节外，庙会是王金庄一年中为数不多的欢腾时光。农历三月十五奶奶顶庙会，是王金庄最盛大的庙会。静默的山村因此而沸腾，无人不欢欣雀跃，人心与草木一起萌动勃发。倘若万物的希冀有颜色，此时，九奶奶一定会看见清新强盛的绿色在山间涌动流转，携着一方百姓热烈赤诚的情思蒸腾而上，叩开九重天的大门，请她下凡来，来这金磐山白玉顶的行宫，来这行宫脚下的村庄，瞧一瞧、坐一坐、听一听。

为了十五的正会，村民从十一、十二起就开始忙碌。因五街距奶奶庙最近，且庙会的戏在五街剧院唱，所以庙会筹备主要由五街负责。每年的组织人员都是固定的，主要有李书吉、曹庆雷、李春林、李勤地、李海魁、李同江、李贵德、李风榜、李香霖、刘祥金、曹立榜，以及神婆刘勤书、李云强。开始前，大伙会聚起来开个筹备会，大致合计要准备的事宜，而不必谈具体分工，只需在最终期限前完成既定的事情即可。这显然缺乏现代组织方式所倡导的逻辑清晰、权责分明，但这种行动方式所要求的是现代组织方式难以具备的灵活以及团队成员彼此了然于心的熟识，在模糊的地带将事务处理得恰到好处——这与其说是一种能力，不如说是一种更为高超的艺术。三月十二，神婆上山打扫庙宇，拂拭灰尘，燃上香烛，摆上瓜果贡品，自此至庙会结束，神

奶奶顶山路

奶奶顶庙会
刘梅 摄

像前香火冉冉不断。十三这天，各街巧手的妇女齐聚五街大队，
将稀松平常的秸秆、彩纸制作成锦绣的花团和飘扬的旌幡；"护
国佑民"的牌坊守着通往顶上的必经之路，匠人踩着梯子，用朱
红的油漆给牌坊上的大字重新绘上颜色；牌坊后面，靠着民房的
侧墙，红布搭起供奉五道尊神（护路神）的摊子；进香朝圣的山
路，沿途插上彩旗，彩旗迎风，猎猎作响；戏台子搭起来了，大
队联系好的涉县剧团，今日抵达村庄，到庙上唱上两段，请老奶
奶下山来；各村乃至县城的商贩，也陆续来五街摆摊；香客中有
虔诚者，为烧得头香，于十二、十三便已上山，住进庙里的香客
房中；十四，万事俱备，只待正会。

　　十五这天是正会。乡人黎明即起，简单饮食后便动身；早起
进香，一则是烧香排在前面，托老奶奶帮忙的人尚少，自己的愿
望神明能听得更清楚些；二则是为看戏班子在庙前唱的戏。路经
牌坊处五道爷神位，给一些香火钱（少则一元，多则不限），领
一根寓意吉祥的红布条，拿着红布条上山进庙。山路迢迢，往来
香客却接连不断，顶上香气缭绕、青烟袅袅，主庙之前是一半人

高的大香炉，香客进的香都插在这大香炉里，其上香密密，其下灰层层。上完香，去主庙廊下捐献香火钱，香火钱由专人登记，会后会计记账，用作明年筹备庙会的资金。捐完钱便进庙，给老奶奶奉上供品，跪下三叩首，祈愿或还愿。主庙往西，有一洞府，称狐仙庙，里面供奉狐仙牌位，香客拜完老奶奶，多来此拜一拜狐仙，狐仙庙口有神婆在照看。主庙东侧，有一松柏环绕的空地，戏班子唱完戏，各街妇女自备节目在此轮番登场，节目以舞蹈为主，但各街有各街的服饰，所选曲目及编排形式均不相同，二三十岁的青年媳妇、四五十岁的当家主妇，她们平素勤劳操持里外，是爹娘的子、丈夫的妻、儿女的母，可跳舞的这段时间里，她们只是她们自己，服装道具或许并不华美，脸上笑容却十分灿烂。另有武术队表演，不亲临现场，你还真难想到那牵驴徐行、躬耕陇亩的银发老翁，舞弄起刀枪来，竟那样游刃有余。其神威、其行健、其势稳，双目如炬、脚下生风、屹立如松。有善乐器者于武者旁击鼓应和，鼓声隆隆，回肠荡气，万里晴空下，却使人寒毛倒竖，恍若看见老人的布衣变成闪光的金甲，一位矍铄的老将军，三军阵前，纵马当先，以一己之力抗那压城黑云……

拜完奶奶、看过节目，香客也并不着急下山。过会期间，庙上的伙房自上午八九点钟便开始提供饭食，两个大土灶，柴火烧得旺旺的，至中午可煮两三锅。最早的一锅是米饭配肉，伙房今年担了五十斤肉上山，米香肉鲜，早去的人才有此口福；中午，一口锅里清汤煮着面条，另一口锅里翻腾着飘香的卤子，卤子取当季菜蔬做成，西红柿、西葫芦，再打上鸡蛋，沃汤滚几滚，卤子就好了；伙房门口有两个筐，各盛碗筷若干。香客自取碗筷，排队捞面。伙房师傅手艺好，面条清汤甘甜，浇上卤子则鲜美非常。庙上的伙食不限量，各人吃饱为止，庙西伙房附近，随处可见吃面的香客。就餐完毕，香客自行取水洗刷碗筷，冲洗干净后再放回筐内，以待他人取用。

妈妈顶庙会
江璐 摄

　　十五上午的活动大抵如此，庙上热闹过了，众人下山来，有求于老奶奶者十六、十七依然可以进庙上香，上香流程、捐献、饮食与十五无二，只不过没有了节目。

　　十五这天五街沿街摆摊的商贩、逛街的村民，使这几日的村子热闹许多。有卖衣服的，有卖吃食的，有卖锅碗瓢盆、扫帚簸箕等生活用品的，还有卖筐篓锄头等农具的。还有别出心裁的商贩，在街道与广场衔接的小块空地上，摆上卡通摇摇车，供儿童娱乐。十五当天过了晌午，待日头稍落些，戏班子便开始在五街剧院登台表演，十五、十六、十七，每天都从傍晚唱到晚上十点多。表演者都是同一拨人，请剧团的资金即为去年庙上的香火钱。演唱曲目由剧团自定，台上唱什么，台下就听什么，没有点戏之说。涉县剧团本身工资不高，很多人嫌工资低就不干，因此没有固定班底。剧团来唱，每个台口也就是 7 场戏，最多 9 场戏，剧种有曲剧、平调落子、小落子，有时候也会唱一版豫剧和山西上党落子。曲目主要有《状元打更》《斩杨景》《狸猫换太子》和评剧《卖妙郎》。

虽然曲目有限，但村民听戏的热情不减。老人们从家里拿上马扎、草盘，常常是戏唱多久就坐多久，甚至八九十岁的小脚老太太，拄着拐杖，走路颤颤巍巍的，也要从一街走来五街听戏。往日略显空旷的五街广场因台上的大戏而拥挤起来。吃过晚饭，从村西的艺友客栈向东走去看戏，人未至，戏音已闻。路过牌坊，远望大南沟，朝圣的山路上，静态的路灯光点，在黑夜中生出一级级腾跃而上的动态之美，使人不禁有一瞬间的旖旎幻想："这会不会是为仙人驾车的灵兽回天宫复命时留下的影像呢？只不过往高处走的足迹被层云遮掩了。"思绪收回，继续东行，远远地便瞧见五街戏台明晃晃的灯在沉沉夜色中辟出的一方天地来。这天地，像是太极图的黑白两极——明亮的舞台和舞台上的演员、夜色里的广场和广场上听戏的人。台上锣鼓喧天、声音大得近乎喧嚣；台下不言不语，灯光映在听者脸上，他们的神色是那样专注——心随戏动、忧其所忧、喜其所喜。喧嚣与阒寂，和谐地交融在一起。广场对面，小吃摊柔和的灯光、食物的香气，孩子的嬉笑游艺、村委签摊的求签解签，离这里很近，又似乎很远。圆月西斜，戏曲终了，听戏的人们才回过神来，踏着月色三三两两地往家走。

乡村的节会，没有都市名目繁多，但乡人对于每一个会都饱含珍重与期待。

农历三月，春耕伊始，庙会是对神灵的献礼，也是对自己的慰劳——心灵上得到极大的愉悦与满足，故能满怀希望、精神抖擞地投入到一年的生产生活中去。而在庙宇、剧院、街道这些空间里共同的经历与体验，则融汇成乡人可以共享的记忆，岁岁累积，代代相传。王金庄的子孙，即便走出去千米万里，家乡在其脑海中也依然有滋有味、绚烂生动。

黄龙洞与龙王庙

"山地瘠民"，"首苦乏水"。在十年九旱的王金庄，人们怎能不将那有灵的霈泽视为神的恩赐与佑护呢？

过"护国佑民"牌坊向西，顺着潺潺水声走出百步，便可寻至龙泉沟脚下、处于小石崖沟的黄龙洞。青白色泉水自洞口喷流而出，顺地势向下翻涌至团结水库。相传，东海黄龙由齐鲁赴秦晋，路过王金庄与拐里的小石榴角，因旅途劳顿，而此地又恰好山清水秀，遂在此处歇脚，而后继续西行，走到王金庄村西大南沟时发现一奇绝溶洞，为其深深吸引，便在此洞安顿下来，此洞于是得名黄龙洞。

黄龙洞洞深 70 余米，洞口为人工建造的青石券门。自洞口向内 10 余米，尚且宽敞，人可直立行走，愈往里便愈幽暗窈然，需弯腰爬行。行到中间，一巨石立于途中，巨石偏上，生有一方圆孔扁石，只能容一人进出。石孔生得很怪，"再胖的人也能进入，再瘦的人也得擦身爬入"，村民称之为"界石"。传闻此界石为验心石，若人办了亏心事，将被卡住不能动弹。继续前行，接近洞底，有一深不见底的裂缝，长 3 米余，宽约 0.5 米，勉强可容一人脚蹬两壁进去。进去是一大坑，状若上下两层的石楼。楼上约一间房子大小，可同时容六七人，楼下是一般水窖大小的扁圆状洞底，此洞冬暖夏凉，老一辈人儿时常进去玩耍。靠洞北侧有一门口状石缝。石缝下半截，被人们用石头垒住，据说深不可测，从前有人进去便再没出来；一说前方为水眼，直通清漳河，龙王爷为了照顾一方百姓，每逢汛期，涌出清泉，滋养万物。

十年中有七年，黄龙洞会在雨季流水。若雨水能将围墙从上到下浸湿五块砖，洞口就能涌出桶般粗的水柱；如能浸湿七块砖，水流可涨至半个洞口。洞里出水，说明今年雨量充沛，水分储入山体，来年多是林果丰收的好年景；若洞口连续几年不见有

黄龙洞

水流出，则意味着天将大旱，颗粒无收。旧时，一部分没底户（方言称贫苦无存粮的家户）见此情景，就得迁移外出，逃荒要饭。为改善王金庄缺水的困境，1968 年 8 月至 1969 年 9 月，老书记王全有带领村民在大南沟修建起一座小型水库，即如今的团结水库。水库取址于黄龙洞下，贯通南北，把大南沟拦腰挡住。如此，在储蓄雨水的同时还可拦截洞里的流水。黄龙洞一出水，十天半月便能灌满水库。自从有了水库把流水拦住，王金庄人便再也没有去外地挑过水。苍莽群山中，多了一池碧绿与无限生机。

　　十年九旱的王金庄，对风调雨顺有着格外强烈的祈求。黄龙老爷呼风唤雨，翻搅起四海云水，将甘甜清凉的泉水从黄龙洞输送于此，滋养了王金庄千百人口。大元至元二十七年（1290），老百姓便于黄龙洞口向东三十余步之处修建起一座龙王庙，以表对黄龙老爷的感念之情。七百年间，历代乡民不断对其进行修缮：大元大德三年（1299）"功德主洪福寺僧人钦锡氏王通等重修"；明嘉靖二十一年（1542）功德施主王锡和曹子云，石匠杨子雷、木匠王大岗、铁匠连今元、泥水匠吴志能率众重修；清乾

黄龙洞界石

隆二十三年（1758）、清嘉庆八年（1803）等多次重修。"土改"时龙王庙被拆，1991年，村民于旧址上重建庙堂；2005年，由五街村民发起，善男信女踊跃捐资献工，投资13 000余元重修黄龙庙，使之焕然一新。

龙王庙共有正殿三间，西厦七间，正殿东山外厨房一间，并院落在内，总占地面积181.61平方米；虽不甚大，但端严皆备，整肃非常。庙宇红瓦黄漆、坐东朝西，台基高约半尺，正门外檐柱两根，上书"能吸风云兴瀚海，偏敷霖雨惠苍生"，笔迹苍劲有力，据说为村内善书者所誊，如今墨色虽褪，风骨仍不减当年。檐柱柱顶的阑额（额枋）与普拍枋（平板枋）以蓝墨为底，绘祥云图案，雀替雕花悬于两边；一层斗拱之上是橑檐枋，绘有荷花、梅花等图案，油墨正艳；檐椽与飞子之上所铺瓦片，其色雍容敦厚，与红色庙门相得益彰；那庙门，镶嵌在金灿灿的墙上，两只石制小狮彼此相望、立于左右；庙门上方的牌匾上，以金笔书写"龙王庙"三个大字。迈过门前横亘的木质门槛，便步入龙王庙院内。甫一入内，红色水平砖墙即映入眼帘，墙上有二龙戏珠像为饰，中间为拱形圆门，正殿位于圆门东侧，殿内除供奉几位龙王外，还有玉皇大帝、娲皇圣母等其他尊神位；殿外，北侧厦房摆放着历代翻修时遗留的石碑，西侧厦房则供奉着吕祖神位。

重修龙王庙舍香亭记

尝谓圣贤尔庙贸之道者，乃神鬼之基。虽年久柱弯，倾颓损坏，而灵者万载不朽之。新兹者显圣，采生马子，督令香首王锡、曹子云等，劝化本村曹氏茔内树木瓦片，率社众人等，于本年八月初八日起建。高埠抽换梁木时，观见楼板上书记：初建大元庚寅年庚辰日功德主王宽、木匠张兰，并大元大德三年功德施主洪福寺僧人钦锡氏王通等重修一番。人烟浩淳，相会相继，龙山四五神堂东坡大段地总计一社，古今不遗之失。大明国河南彰德府磁州涉县龙山社第三里，见王金庄村居住香首王锡、曹子云一起建造香位。石匠杨子雷，铁匠连久今，木匠王大岗，泥水匠吴志能，小甲李金、李直。

大明嘉靖二十一年十二月十六日立

龙王庙重修碑记

尝闻古文化必加保护，残缺者须予修补。我村西黄龙老爷庙乃村之古文化。据载最初建于元朝大德三年，今六百九十二年，自明嘉靖至清嘉庆先后修四次，重修其塑像壁画，无不令人赞叹。然因历史之故，自清嘉庆以来的一百七十年来，不但未维修，反而毁之为废墟，除少数塑像幸存外，余者无处寻觅。今天下太平，国富民殷，信仰自由，故众人力举香首，自发捐资献工送食，于旧址重建堂殿，还其旧貌，于今夏孟月初八始，仅月余告成，其余文物以待后续。是以记之。

撰文　李书吉

书法　曹府灵

公元一九九一年十月十八日立

神的脾性不定，行云布雨，并不视人的需要而动。龙王爷高兴时，风调雨顺，五谷丰登；龙王爷发怒时，不是久旱无雨、颗粒无收，就是山洪暴发、摧田毁地。1949 年至今，王金庄曾遭五次洪涝、六次大旱。距今最近的一次洪涝发生于 2016 年，洪水冲垮了自发桥，夺走了两条生命。

村里的神婆是人神之间的信使，发洪水时她们在家中神龛前跪了一天一夜，祈祷神明保佑，莫伤黎民百姓，还把点燃的香扔进洪水里敬神。旱年时，她们则会带上铺盖，夜宿龙王庙，直至下雨。有一年春旱，从清明到谷雨，从立夏到小满，一个个播种时节过去了，不见一滴雨星。神婆守庙如家，膝盖跪得麻木，额

《龙王庙重修碑记》

龙王庙

龙王庙正殿

头磕得流血，初一及十五，人们都去龙王庙烧香求雨。除了庙内祈祷，仪式也必不可少。在王金庄，求雨仪式主要有三：一是从村里选出 12 个独生女，让她们拿着扫帚清扫水池。之所以选 12 个独生女，是因为在村民心中，女孩子是纯洁的象征。主持这项活动的人还要摆上供品、烧香、放炮，意思是告诉老天爷，水池已经见底了，赶快下雨吧。二是将谷子秆扎成一捆，点燃后在龙王庙里转上几圈，请求龙王降雨。若是要向龙王许愿，还需准备面皮、100 个干麻糖和 100 个小馒头作为供品。三是将树上的喜鹊窝点着。因为传说旱魃住在喜鹊窝里，点燃喜鹊窝可以烧死或赶走旱魃，同时可以告诉龙王："人间已经干得冒火，连树都烧着了，赶快下雨吧！"

为使龙王爷高兴，过去，每年的农历二月十五有一场专门给黄龙老爷办的庙会，会上戏音婉转，商贩往来，三乡五里的村民均来赶会，好不热闹。1949 年后，因宣扬科学、破除迷信的要求，取消"庙会"称谓，经政府批准成为物资交流会，"文革"时中断，直至 20 世纪 80 年代才恢复。恢复后二月十五的这场会仍以物资交流会称之，龙王爷则改在了农历三月十五，同老奶奶一同听戏。

马王庙

由于山高路陡、耕地破碎、人力难行，王金庄人历来注重对耕畜的驯化饲养。千百年来，崎岖的地形淘汰了牛、筛掉了马，唯有吃苦耐劳、善于爬坡的驴骡适应了此地瘠苦，与王金庄人相依相伴，共同度过一个又一个春种与秋收。毫不夸张地说，驴是王金庄人的"半个家当"。王金庄人对驴的感情，凝缩在冬至喂驴那碗面香里，更倾注在马王庙前虔诚的祈祷中。

马王庙全称马王老爷神庙，坐落于王金庄东北方与拐里村之间的收水岭，东扼月亮湾、西望官班地，是掌管牲畜性命、佑其平安健康的马王爷的行宫。对于家家户户都养驴骡的王金庄人来说，马王爷意义非凡，地位甚至与财神爷相当。马王庙，四面石墙，长 16 米，宽 12 米，共有庙殿三座，分列东、西、北三个方向，组成一个四合院，正殿坐北朝南。

该庙具体的修建时间已不可考，仅能从《马王爷庙碑记》中寻得重修的信息。清康熙四十年（1701），王大先因看到庙宇、神像被风雨摧颓而神伤，于是联合王金庄、拐里村村民合力重修。清乾隆五十七年（1792），王金庄与拐里村再次筹资捐款维修，后经清道光、光绪以及民国的多次重修，直到毁于"土改"期间，至今未能修复。

马王爷庙碑记

尝闻前人创建，惟赖后人之重修，踪迹能尝绳石不载。如我屯东有之三圣马王老爷神庙，不知创于何代，重修于康熙四十年。自有是庙也，特由之昌识物，赖以咸宁俗三泉，可保六畜，其功德之施我郡黎者，岂浅鲜也哉。历年已远，风雨颓，庙宇、神像不（堪）睹视。幸有维首王大先目睹情伤，忽发善念。遂请两屯维者，公议重修，莫不惟欣。应同力合作，不多日而大功告成。是肯之此，看至今巍然矣。前之不堪睹视者，至今而粲然夺目。如是哉，故笔之于石，以传后世之。

撰文　王时中

大清乾隆五十七年庚午月

而今再去拜马王，只能看到年久失修的断壁残垣：外围仅剩东西两面五尺有余的石墙，青苔湿厚，长方石砖大小不一、凹凸错落；正殿被连根拔起，泥土堆叠、荒草丛生，唯有庙前那印满

马王庙
刘莉 摄

马王庙

大小蹄印的石板台阶，见证着此前的香火曾如何鼎盛。对于坍圮至此的马王庙，村民心中敬意不减，在正殿中央以碎石板为基、青石砖作墙、薄石板封顶，垒成一个简易的神龛，饰以红黄两布。神龛内端放着马王爷神位，外置金色小香炉，主庙南侧的三尺石柱上亦置一小香火台。这便是人们现在上香敬拜之所。

虽然简陋，香火台内仍香灰满溢。每年春耕之后，王金庄人都要空出一个月让驴休息，在此期间便会改驴（给驴做阉割手术）。手术之后一个月即是满月，需牵着驴去马王庙做满月仪式。满月仪式一般定在初一或者十五，每家仅能去一人。这通常是妇女的活计，男人是不去的。若是赶巧有几家的驴都做了阉割手术，大家便会相约一起过去。仪式之前，各家需专门制作小馒头、小麻糖等贡品。小麻糖的做法是把面团搓成长条状后从中间剪开，称"长眼"（据说长眼的麻糖马王爷吃得香），而后放入油锅中炸，须做够100个才算数，只能多不能少。小馒头的做法是把放碱的老面搓成长条，切成一个一个小的面团，而后放在锅里蒸熟。此外还要买香、蜡烛和鞭炮，准备齐全后才能牵着驴前去马王庙。仪式开始，要先烧香，将蜡烛点燃，再把贡品摆在神龛前，磕头祈求马王爷保佑自家的牲口健康。拜完后不能直接离去，需要在庙前等候马王爷"吃下"贡品（等候时间视农活多少而定，活多就等几分钟，活少可等半小时），然后再磕个头，把摆放的贡品收起来，才可牵驴回家。

此外，每逢年关，村民也会牵着自家牲口前来祈拜马王爷，期待马王爷能保佑牲口们来年健康平安，继续为家里出工出力。

关帝庙

始建于元至元二十七年（1290）的关帝庙位于一街村口，村

关帝庙

民俗称"老爷庙"，庙体南北长 12 米，东西宽 12 米，面积 144 平方米，庙内供着关公老爷。村里的老人们讲，关公为国捐躯、忠义勇武，在村口建关帝庙可拦各路邪煞，也阻挡心存恶念之人。

传说清代时庙院中有一棵参天柏树，柏树杈上高悬一口 200 多斤的大铜钟。一天天降大雨，洪水自山上倾泻而下，转瞬冲毁了关帝庙，那巨型铜钟也被冲进了洪流。这时人们却见一位彪形大汉，面色铁青，黑胡络腮，怎么看都像是关羽的部将周仓，冲进湍流中将那大铜钟捞起，扛回了庙院。等洪水逐渐退去，人们赶忙前来庙院收拾，看见铜钟就正放在屋檐之下。再走进关帝庙一看，只见周仓的神像满身水珠。因此若是谈起 100 年前那次洪水，村民们一致认为是周仓将钟捞了上来，这关帝庙的威严便自在百姓心中了。

这关帝庙能有多神呢？王林定讲述了几个故事：据说，100 年前时有一位七八岁的孩子跟着妈妈来上香，调皮玩闹时把关老爷神像的手指给掰断了。随后这孩子的手指开始浮肿溃烂，四处求医无果，母亲只好带着他去看神婆。神婆没多说更没多问，只

《关帝庙重修碑记》

是将他的手一掰，便说出了他在关帝庙中将关老爷的手指给掰断的事，并嘱咐他们不仅要把神像的手指修补完善，还要再供只鸡、唱台戏，这病便能不治自愈。这母亲赶忙照做，孩子的手指也逐渐好起来。到 21 世纪以后，一位守在庙中收香火钱的人一天突然发现那些供上的钱不翼而飞，他愧疚又着急，赶忙给关老爷上香跪拜："老爷，你连你的东西也看不住，都被别人偷跑了，你快快给我显灵告诉我在哪个方向吧。"说罢，那香火台上的三炷香逐渐就弯过来了，像是数字"3"的样子，意指三天以内就会回来。果然到了第二天，有位母亲带着孩子来到了庙上，一边还钱一边烧香，希望老爷原谅孩子偷拿香火钱买零食，祈求让孩子的胃病好起来。

在百姓心中关老爷是真正干事业的人，立村口能保一方平安。七百年来，关帝庙与王金庄福祸相依，虽屡遭洪水冲毁，但也在村民自发重修中获得一次又一次新生。现今的关帝庙有主庙三开间，东厢房三开间，是在 1996 年山洪冲毁后重修而成。此前，清康熙、乾隆、嘉庆、道光、光绪，历代都对关帝庙修葺。据考，清光绪二十年（1894）关帝庙被洪水冲毁，村民于次年农历正月十九黄道吉日对其重修；民国三十二年（1943）再次被洪水冲毁，当年修复；"土改"时被拆，"文革"时则破坏殆尽，关帝庙香火就此中断，庙内那棵参天柏树也被连根刨出，庙地归了生产队，曾经的神庙成了囤放粮食的仓库，直到 1984 年生产队将此地下放卖给个体户王友伦。1991 年，村民自发筹集 700 元从王友伦手中买回地基和房子，又力举香首赵明堂、王庆余、王金顺，集资 3900 元，于当年孟春黄道吉日动工，用工 2000 余个，仅 1 个月整便还其原貌。可惜好景不长，1996 年 6 月 20 日，天降大雨，山洪暴发，河水猛涨，瞬间把庙冲毁。村民遭此横祸，患难之际众志成城，自发重修。在赵明堂、王相德主持策划下，于 10 月 25 日再次动工。邻村乡里，齐心协力、捐款捐物，总用工 2660 个，捐款 3260 元，仅用 1 个月的时间就将关帝庙整修好，同时也修葺了土地庙。

关帝庙重修碑记

仰千秋忠义众人捐献，敬万载美德庶民重建。尝闻有恩必报，何况神灵乎。我村前关帝老爷之庙，普济众生，与天地日月同功。奈何自建七百年来屡遭劫难。据考清光绪二十年被洪水冲没，次年正月十九黄道吉日大吉复修。又传民国三十二年再次被洪水冲毁，当年修复，迄今六十年来不但未曾维修，反而毁之为废墟。尽管如此，众人朝拜，其灵验未减。今天下太平，国富民殷，乃自发集资七百元买回旧址，又力举香首集资三千九百元重新修建，于公元一九九一年孟春十二黄道吉日动工，自愿献资者遍及乡邻各村，用工二千余。仅一月整还其原貌。为报普救众生之恩德，以昭后世，谨此刻石，以垂千古。

撰文　李书吉
一九九二年六月二十二日立

王金庄关帝庙重修碑记

以义气传颂义气，用忠烈宣扬忠烈。

乾坤又转，祸灾难为，遗憾于农历一九九六年六月二十日天降大雨，山洪暴发，河水猛涨，万民遭劫，瞬间把庙冲毁。患难之时众志成城，自发重修。在赵明堂、王相德与众策划下，于十月二十五日再次动工。邻村几里，捐私捐物齐心协力，仅用三十天时间，并带重修土地庙，于十二月二十四日同时竣工。总用工二千六百六十个，捐款三千二百六十元人民币。为作留念，铁笔以志。

书法王松庆、王所吉
一九九七年正月初四

因关帝爷是位武财神，除管行兵打仗、国泰民安，还保五谷丰登，因此，关帝庙庙会定于秋后农历九月十五举行。其实，十三这天会便开始了，但都以十五为正会。庙会的形式，与三月十五奶奶顶庙会相似，剧团唱戏，商贩摆摊，村民得闲听戏逛街，只不过没有武术表演。所费资金，多由关帝庙先筹，不足部分由村委会集体补齐。关帝庙东原来有一路，因位置特殊，久而久之，便演化出"老爷庙口"这一特别的小地名。老百姓坐公交车下了车，会说"你到老爷庙口等等我"；托别人帮忙带东西，"你把东西放到老爷庙口那儿吧"。关公威严，却也可亲可感，居住在庙堂之上，也居住在王金庄的烟火之中。谁人知道，落日熔金的傍晚，关公不会隐了身形，在小米焖饭的香气中沿着王金庄的街道走一走呢？他会遇上一头又一头小驴子，不疾不徐，驮着箩筐、柴草归家；他也一定会赞赏这些小驴子——虽不如他的赤兔宝驹高大俊美、骁勇矫捷，但它们吃苦耐劳、温顺乖巧，为王金庄人民的安居乐业立下"汗马功劳"。

山神庙

山川悬立，沟壑纵横，群神众鬼便是附于土木之上，隐匿于深邃之中。然而时间久了，不知是它们互吞互噬，还是百姓心中逐渐模糊，再叫不出神鬼各自的名称。其界仿佛交融，其形如若合一，便成了那镇山之山神。

王金庄境内共有两座山神庙，远者坐落在桃花水岭，近者就位于五街李香海家的屋后。虽然桃花水岭上多数土地属于王金庄，彼处的山神庙却归银河井管辖。因此，乡亲们约定俗成的观念中，未加地名限定的山神庙仅指五街这一座。

古时，王金庄因地处深山而交通不便，村民们便以人力在莽

山神庙

荒中开辟出数条驿道。村内通往井店镇的唯一驿道，蜿蜒在海拔九百多米的大崖岭上，步行往返至少要花七个小时的时间。伫立在这古驿道上的山神庙，于离人，庙之所在，路之所始——出发前拜一拜山神，请求山神爷保佑一路坦途；于归人，庙之所守，路之所终——翻山越岭，风尘仆仆，望见了庙，便望见了家。

集体化时期，为获取粪肥，基本上家家户户都养羊。农历六月六是牧羊"出坡"的日子，这一天要杀只种羊敬献给山神爷，祈求保护羊群四季平安、免受豺狼侵害。中午吃过好饭，下午放羊人驱赶着羊群，拿着被褥、炊具到离家远的山上驻坡，至天冷时才回家。

而今，村民不必再跋涉于崎岖山路，古驿道渐渐被人遗忘；漫山遍野的羊群也同产生它的那个特殊年代一同留在了历史的记忆中。山神庙前，已鲜有往来的行人和祈祷的牧人。山风拂岗，林木摇曳，或许那是山神在絮絮低语。

狐仙庙

在人们的印象中，狐仙往往是美与娇媚的化身。人们一面向她索妻求子，或期盼庄稼收成，一面又担心受其蛊惑，敬而远之。王金庄有关狐仙的传说有许多，大南沟、康岩沟、萝卜峧沟都曾有人称亲眼"目睹"她的身影。目前王金庄共有两座狐仙庙：白玉顶奶奶庙的西北方有一座，村南康岩沟有一座。其中，康岩沟狐仙庙规模更大、装潢精致，更具代表性，至今仍延续着盛大的庙会。

康岩沟狐仙庙位于王金庄村南的康岩沟竹帘洞，东贴凤头山，西临洞沟；由于地处王金庄与拐里村的交界地段，两村辖区的土地相互交错，因此历史上有关庙的管辖问题，曾发生过许多争执。后来是拐里村人先牵头重修狐仙庙，并出人置办庙会，这才逐渐成为拐里村的神庙。

从王金庄一街断桥处向西南下至月亮湾，过分水岭后沿康岩沟山路一直爬上凤头山，经汉白玉六角凉亭再往前走百步便到了狐仙庙。说是狐仙庙，却不如叫狐仙洞：竹帘山顶部树木丛翠，西侧有两个洞口分居南北，南洞是狐仙爷爷庙，以石砖为两侧竖亭，以拱券形石板为顶，形成了简易的"门楼"；北洞是狐仙奶奶庙，相比南洞稍高，直接以山石体为框，洞前凿有石阶十余级。传说原来爷爷到康岩沟时先住进了北边这个洞，但奶奶来了也想住。秉持着好男不和女斗的思想，爷爷这才搬到了南边更小一点的洞里。南北两洞之间有两个神龛直接凿于石体，龛内摆着香火和贡品。据村民说，包括这两个神龛在内的每个石头缝中都住着神仙，神仙的名字和职责虽已无法考证，且无法用肉眼看到，但还是要摆上香火台、点燃红蜡烛、摆起供品。洞前是以红色大理石及青色石板砖拼接而成的平坦广场，有100多平方米，所铺地砖皆来自废弃广场。广场下方是灵官庙，主殿精致崭新，如今是集宾客休息室、伙房为一体的三开间楼房。有趣的是灵官爷并不供在灵官庙主殿，而是在西南一侧的小神庙内，如同门神守护着头顶的两洞狐仙庙。

康岩沟狐仙庙始建年代无从考证，重修于乾隆年间。灵官庙始建年代同样无考，民国二十年（1931）重修。2015年，拐里村筹资10万元再次重建。

康岩竹帘洞碑记

山不在高，有仙则名，庙不在大，有神则灵。斯是山曰称竹帘洞，地势崎岖，谷深山静，虽无清流激湍，而有茂林丛生。所观者，树木丛翠；所闻者，鸟语雀鸣。闻乾隆年间，大仙在此显圣，虽祝之而弗见，听之而无声，有求必应，无惑不通。故前人修紫府，下建黄亭，迄今或佰余年，洞颓庙倾。纠三村共商议，合一心急动工。南面者圣母也，求赐子孙，默佑村，度人安。纠执鞭者，灵官也，检查人之淑，卫境之灾患发。在己巳竣工，延至未勒碑刻铭，则表彰神德。再则序事兴，窃闻东海蓬莱仙境华落雁降赋云。

龙山风不动仙圃常春润金

傅生锡撰文

王汝为书

民国贰拾年桃月立

雨水过后，惊蛰未至，拐里村的赵姓家族开始为操办庙会而忙碌起来。康岩沟狐仙庙会于每年的农历二月三十到三月初二举行，共过会三天，其中三月初一是正会。正会当天，从王金庄一街断桥处向西南下至月亮湾，过分水岭后便远望见康岩沟山路两侧插满红、绿、蓝三色彩旗，一直延伸至凤头山顶。行至山脚下，隐约能听到音乐，越接近山顶声音越大。直至凤头山顶端才

康岩沟灵官庙

康岩沟狐仙洞

能看见前来祭拜的人从狐仙庙洞口排至百米外的汉白玉六角凉亭。由于三月初一康岩沟狐仙庙会、三月初二西坡药王爷庙会、三月初八禅房村青阳山女娲行宫庙会、三月十五王金庄奶奶顶庙会、三月十八七水岭玉皇大帝庙会，这几个庙会时间紧紧相连，因此邻近的王金庄、西坡、拐里等村子的村民都会前来祭拜热闹。除此以外，邯郸城甚至其他城市的人也会过来。有的是心诚祈求，若是不来一趟心里便总会挂念；有的则是遇上了困难，在神婆、算卦先生指点下特意求签。前来祭拜的人都会得到一个红布条，系在手上或身上，便成了保佑的象征。

这天的狐仙庙十分漂亮，洞口两侧各挂一红灯笼、贴着红对联，顶端悬着彩条旗。祭拜先从南边的狐仙爷爷洞开始，在洞前的香火台烧香许愿后，待前一个人出来，方可进入爷爷洞。洞口狭窄低矮，仅容一人俯身通过。随着入洞越来越深，人便只能侧身前行，直至神位前才变得宽敞些。奶奶洞则更加狭窄，相反洞内空间却更大。洞内壁是石灰岩滴落形成的形状各异的乳石，当地人形象地称之为"蝙蝠"或"花"，认为是奶奶爱美，才在家里做了许多装饰。据说狐仙爷爷原来是在北京做生意的，所以要向爷爷求高升发财。奶奶洞里有三个奶奶：大奶奶、二奶奶和女儿，一般要向奶奶求儿子、求幸福平安。当然求错了也没关系，奶奶、爷爷关系很好，亲似一家，因此不论人们有什么愿望，商量商量都会一起给办了。

到三月初二庙会的最后一天，前来祭拜的人便会少许多，而庙会的装饰直到初三才会完全撤掉。如今，拐里村赵姓家族承担着管理、举办庙会的任务，每年有四户人家轮流，负责垒地装饰、搬运食材，置办大会。资金由大户捐款、百姓香火钱、还愿捐款组成，单独设有专门管账目的人。轮流的顺序是几家的老祖宗商量着来的，久而久之成为习惯。轮到自己家户承办庙会时，全家都要上山忙活，在外边打工的年轻人也要专程回来，心里有怨言或者不情愿也不能说出来。老人们说因为狐仙的耳朵灵得很：进到康岩沟，千万不要说不负责任的话，尤其是不要狐仙长、狐仙短地议论，不然会有不好的事发生。据王林定讲，他有一次担着核桃下山，走到狐仙洞下面时，装核桃的塑料袋子突然破了，核桃洒了一路。忽然有一道亮光，跟以前灯泡的亮度一样，照得明晃晃的，他连石子带核桃捡起来后，光亮就没了。外人听后都说这是狐仙显灵，因为他行善积德，才得到了狐仙的保佑。除此之外，他还曾遇到狐仙为了催他快赶夜路而偷吃他的干粮，而他的父亲也曾梦到狐仙叫他去修路。或真或假，狐仙在人们心中总是顽皮又神秘，但无论怎样，老百姓始终相信狐仙是保佑这方水土的力量，每年如期举办的庙会就是最有力的证据。

明国寺与有则水

距王金庄村北三里许，也就是有则水沟中的小南沟，有一始建于明代中期的寺院，叫明国寺。寺院背后的山脚下，有泉终年不竭，人称其为"不老水"，亦称"仡佬水"。据记载，明国寺坐北朝南，以青石木瓦为房，有东院佛祖殿、西院观音殿，院正中以青石圆门相隔。然而当下连寺院的断壁残垣都不见踪影，看到的却是 20 世纪六七十年代林业队为遮风避雨而修建的三间平房与大石窑洞三拱，以及伫立于一侧的三通明代石碑、八通清代石碑。在王金庄，有关明国寺和不老水的传说由来已久，妇孺皆知，王林定的讲述更是鲜活生动，久远的历史宛若眼前。

传说，明国寺修建以前，那里曾有一座尼姑庵，尼姑姓岳，身材苗条，年轻貌美。后因用火不慎，尼姑庵被火焚毁，尼姑亦不知去向，一说尼姑远走他乡，一说尼姑死于火灾，一说尼姑羽化成仙。忽一日，一位法号叫祖冬的僧人游历至王金庄桃花水岭上，他自岭上眺望四周，只见山峦重叠、林木蓊郁、曲径通幽，一股山泉从山脚汩汩涌出。祖冬高兴得差点跳了起来，仰天大呼："好一处修身养性之地啊！"

于是，祖冬决定在此地修建一座寺院。为筹集兴建寺院所需的粮款物料，祖冬云游四方，托钵化缘。不知过了多久，祖冬不仅筹到大量粮款，还带回宗尧、果教、果处等一众弟子。一日春和景明，环绕王金庄的群山间突然回荡起阵阵鞭炮声，原来是祖冬和他的众徒弟在举行开工仪式。为节省资金、时间、物料，祖冬利用起尼姑庵旧址，开山取材，自己动手。村民奔走相告，百姓纷纷前来支援祖冬，有的扛来梁檩，有的送来米面，有的做起帮工。

暑往寒来，一座占地一亩大小的寺院建起来了，建筑由青石垒成，古朴清幽、庄严肃穆。寺分东西两院，中间有一石拱圆门，东院为大佛殿，西院为观音殿。因寺院建在有则水沟，人们就称其为"有则水寺"。经佛门划定，有则水寺有山场、耕地数百亩。祖冬将大半土地无偿租赁给了王金庄缺地少田的贫民，其余由他和弟子耕种。由于他们精耕细作，再加上寺前的十多亩是旱能浇、涝能排的高产田，因而年年大丰收。每年除本寺消耗外加接济贫民，还能存下不少余粮。

明嘉靖八年(1529)大旱，王金庄近百户人家几乎颗粒无收，交不起田税。住持祖冬闻讯后，替乡民交粮百余石。乡亲们感恩戴德，联名上奏彰德府，请求给该寺嘉功授奖，彰德府知府大人闻此事亦深受感动，奏报朝廷。皇帝嘉奖，赐名"明国寺"，自此有则水寺改称明国寺。

住持祖冬是个会农耕、通经书、懂韵律的多面手。他不但将弟子教育得个个德才兼备，还利用农闲时间到村里办书房和寺庙音乐传授班，一边教村民识字，一边教他们吹拉弹唱。从那以后，王金庄就有了娱乐班，代代相传，一直到1949年前夕，村里的老乐队还是"尺工尺、六工六"地教徒弟们。因明国寺位于召水河畔，山清水秀、环境幽雅，住持祖冬性格开朗、豁达大度，一直活到105岁才寿终正寝。

继他之后，住持照亮活了88岁，照玉活了95岁，心思活了101

岁，悟信活了 92 岁。因此，民间又把明国寺叫成不老寺。王金庄人认为，明国寺代代住持都长寿，是沾了喝寺后泉水的光，因此就把寺后边的泉水叫作"不老水"。直到今天还是这样叫。

山中无历日，寒尽不知年。

明国寺自立寺至今，五百载时光悠悠已逝。寺院和寺院里的人以其本身的变化记录着岁月的流转。老和尚走了，小和尚老了。青石经了许多风霜，僧人与村人在明万历二十七年（1599）、三十六年（1608），清雍正六年（1728）、十年（1732），乾隆二十一年（1756）、三十一年（1766），嘉庆六年（1801），道光十六年（1836），咸丰七年（1857），光绪三十三年（1907）几度对其重修，直至"土改"时被拆。

明国寺重修碑记

　　大明国河南彰德府磁州涉县龙山三里王金庄村，地名有则水一古刹明国寺，先年被火烧之毁坏，今有香首收掌甲头目，维领前后村众，善人谨发善，于皇明万历三十六年三月初一重修补完。

大明万历三十七年三月

明国寺重修碑记

　　粤稽先王建国也，他务遵先立于古庙。既成而立争朝由今恩之，立庙不诚哉。今者，我涉县邑东北，古有明国寺，内建观音堂、祖师殿。神明有感灵应以昭，非愚民。妥古之处，祷祠之所以乎。奈历年已远，殿宇像貌而有倾之势也。今有本村维首公议重修，于是用工或资财，不旬日而工程告竣，见像貌辉煌，殿宇焕然，犹恐致久远颓败也，故勒石以垂不朽。

王鉴撰文

曹发元书

大清嘉庆六年二月初八日为始，落成于十一月初十日

重修明国寺碑记

　　尝闻涉县鉴而其志之者，漳水韩山，而不知邑之原离四十里，有其地自寒泉，在山之下，水声潺潺，清而连意者，名曰舀河水。四壁高山陡叠，胜逐建寺于其之阳，是寺非寺也。传说之是为岳姓姑子庵，被火烧焚后改为寺。事高荒远，不可深考；其考者创自前明，寺以国名者，是以国之明而名，改为明国寺。以其山之明，而余姑不是论所论者，建立以捐赠屡迭。今重修大殿，各殿补修。有人远香逐诸村维首同为共议，将近坡卖钱 204 文，尽被土木石匠包干使用。其工始于二月成于三月，由是百堵皆内第见。向之赠者焕然一新矣。而没斯民妥值，不者其所乎。故勒石以示重修。

道光十六年六月十二日谷旦日立

　　寺内最后一个僧人是更乐村人，名曰"小疤的"，解放时才离开寺院，回到原籍。集体化时期，村总支成立了造林专业队，在拆毁的寺院旧址上盖了一栋屋，专业队人员就吃住在沟里。而今，明国寺遗址上有林业队改建的大石窑洞 3 拱，青石平房 3 间，石碑 11 通，做工考究的圆石拱门半个。2019 年，老农王金海路经此地时，用白灰疙瘩在寺院的门框上信手写了一副门联："古寺无僧风扫地，森林防火月照明。"

　　明月高悬，林涛依旧。当年的诵经人，虽已杳然无踪，但倘若知晓今日王金庄禾粟丰穰、民无饥馑，无论是祖冬还是小疤的，定能满怀欣慰，再无牵挂。

明因寺石幢

多雪
高双和 摄

十二　　　　守望家园

文/阿库浪金、潘奕宇

旧时的王金庄仅靠狭窄的驿道与外界相通，通往外界的第一条道路是 1965 年春天修通的井店—银河井—王金庄全长 13 千米的盘山公路。2018 年底，太行山高速公路的开通进一步加速了王金庄与外界互联的效率。

除了有形的道路，当地也在尝试开辟无形的文化之路。从河北省历史文化名镇名村到中国传统村落，从中国最美休闲乡村到中国重要农业文化遗产，王金庄因壮美的旱作梯田和古朴的村落文化融入了日新月异的山外世界。王金庄的老路因其厚重的情感与记忆，承载了村庄的历史；王金庄的新路因其时代的际遇，让梯田续写着当下与未来。从古驿道到太行山高速公路，王金庄人脚下的路越来越宽敞；从中国重要农业文化遗产到全球重要农业文化遗产，王金庄人心里的路也越来越通达。

出村驿道

生活于群山之中的王金庄人从未停止过走出大山的探索，村里存在的数条古驿道就是村民祖祖辈辈积极与外界互联互通的力证。历史上从王金庄出去的道路主要有六条：第一条是王金庄到井店的驿道，翻过海拔 900 多米的大崖岭，步行往返一次至少得七个小时；第二条是王金庄到武安的驿道，路过拐里、曹家安、七水岭到冶陶镇，全长 30 里，由于冶陶镇是古镇，过去王金庄一半山货出境、买煤驮炭都要在此中转；第三条是王金庄到西达，沿河而行，途经东坡、西坡、江家、大洼、郝赵、关防等地，全长 50 里；此外还有王金庄到龙虎、张家庄以及银河井三条驿道。世事沧桑，如今仅有大崖岭古道还能窥其面貌，以王金庄五街村村口的艺友客栈为参照，由此向西南行两千米左右，便会看到两座山之间有一条路，这便是通往大崖岭古驿道的山道。

大崖峰古驿道

这条山道和古驿道一样，都是上百年来通过一辈辈人的努力逐步修缮留存下来的。最近的一次大修在 1949 年冬天，全村青壮年在政府的领导下，出工 200 余次，大干了 3 个月，终将古驿道的石材全部更换为更为牢固的青石板材，山上的台阶也全部重砌加宽，改变了仅够毛驴通过的路况。另几条古驿道时间久远，已经消失在了人们的视野里，唯剩老人口中的一些故事还能寻得琐碎遗迹。

为了改变王金庄交通落后的局面，1964 年冬天，在党和政府的关怀下，王金庄公社社员发扬自力更生、艰苦奋斗的精神，日出劳力 300 多人，苦战一冬春修通了王金庄—银河井—井店 13 千米的盘山公路。1965 年 5 月 13 日，汽车终于开进了王金庄！1976—1979 年，全体村民继续发扬王全有愚公精神，开凿 805.8 米长的王金庄隧道，改变了以往翻山越岭才能走出大山的状况。隧道 1976 年 10 月 1 日破土动工，1979 年 5 月 1 日贯通。在铁三局和解放军某部的无私支援下，由风钻工曹海魁等扛着风钻成功地将隧道戳透。隧道建设过程中，全社人民捐粮捐款、献力献物，参加施工的干部民工以 "一不怕苦，二不怕死" 的精神昼夜奋战，涌现出无数可歌可泣的模范人物和先进事迹。王金庄隧道的贯通使通往井店的公路里程由原来的 15 千米缩短到 13 千米，标高降低 180 米。2008 年春天，井店镇投资 300 多万元重修玉林井—银河井—王金庄盘山公路，该路由原来的 5.5 米宽拓宽为 7 米，新垒、整修路堰 8 千米。

太行山高速公路的通车更是带来了山乡巨变，山里的特产走出去更方便，外面的游客走进来更便捷了。这条纵贯太行山区的高速公路全长 652 千米，自 2016 年 8 月 30 日动工，至 2018 年 12 月 28 日全线通车，期间有 10 万余名建设者历经 800 多个昼夜攻坚历险。这条太行大动脉的贯通，彻底改善了太行山区群众的交通状况，让一个个贫困百姓走出大山，使一座座闭塞的古村

王金庄高速路出入口

落连通世界。让王金庄村民欣欣的是，太行山高速还在王金庄设立了出入口，村民们从家门口上高速，一小时就能到达邯郸，这在以前是想都不敢想的。高速路的开通让王金庄的花椒走出了大山，让梯田里的优质小米销往全国各地，也让络绎不绝的游客来到王金庄，悠然行走在石板街上，忘情于梯田里。

狐仙驿道偷食干粮

驿道上发生过很多离奇的事情，最出名的是狐仙偷吃过路人干粮的故事。过去人们走驿道到井店，路上没有地方可以买到吃的，只能自己带上足够的干粮。有一人走得懈怠，回来的时候天都全黑了，走也不敢走，就停下来休息，等他想要掏出干粮来吃的时候，发现身上的干粮都不见了。又饿又困的他迷迷糊糊听见一个声音："不要这么晚还在走路，你的吃的我收走了。"吓得他一个激灵，趁着夜色连滚带爬地回了家。第二天和村里的人一说，才知道是狐仙在捉弄他，但狐仙也是看他走得懈怠，才会拿走他的干粮当作小小的惩罚。狐仙本意也是希望他能注意安全，尽早赶路。

沟壑藏秀

太行山区的崇山峻岭、深沟野壑没能掩盖村落历史的厚重与石堰梯田的壮美。2008年10月，王金庄入选第二批河北省历史文化名镇名村；2012年12月，又被列入第一批中国传统村落名录；2014年10月8日，农业部（现农业农村部）认定王金庄为中国最美休闲乡村。同年，河北涉县旱作梯田系统被农业部列为第二批中国重要农业文化遗产，并于2016年入选农业部全球重要农业文化遗产预备名单。2022年5月20日，河北涉县旱作石堰梯田系统被联合国粮农组织（FAO）正式认定为全球重要农业文化遗产（GIAHS）。诸多殊荣背后，是地方政府和王金庄人的不懈努力。地方政府出台《井店镇人民政府关于王金庄村历史文化名村保护的实施方案》，对石板街、石头房、庙宇、古树等进行保护。当地还成立涉县旱作梯田保护与利用协会，推进梯田保护与发展。村民们还组织编写了《中国传统村落·王金庄》《走进王金庄》和《印象王金庄》等书籍。

闭塞的王金庄能够凭借传统农耕智慧战胜严苛的自然环境和肆虐的自然灾害，却在信息发达、道路畅通的当下，遭遇了现代化带来的严峻挑战。如同全国绝大多数农村一样，劳动力流失导致土地抛荒、空巢老人与留守儿童问题普遍，就连祖祖辈辈相守相伴的毛驴也面临着逐年减少的命运。

庆幸的是，遭遇现代性带来的阵痛，地方政府和王金庄没有坐以待毙，村民充分发掘梯田所承载的丰富知识，开始寻找自救之路。2014年河北涉县旱作梯田系统申报中国重要农业文化遗产成功后，涉县旱作梯田受到各界新闻媒体和不少专家学者的广泛关注，《燕赵都市报》《河北经济日报》《邯郸日报》先后宣传报道。中央气象频道《天人合一》摄制组、中央电视台第七套《农广天地》大型农业系列专题节目《中国重要农业文化遗产》

摄制组先后到涉县拍摄涉县旱作梯田系统。

在此期间，涉县农牧局（现农业农村局）继续深入核心区宣传梯田的当下与前景，邀请专家学者及有关领导对涉县的文化遗产情况进行调研，为开展全球重要农业文化遗产的申报做准备。为此，他们多次参加全国范围的农业文化遗产保护与管理经验交流大会，如全球重要农业文化遗产工作交流会、全国农业文化遗产学术研讨会等，并多次举办专题讲座与专家咨询活动，如2016 年 1 月举办"涉县旱作梯田保护与发展暨申报全球农业文化遗产专家咨询会"，2016 年 10 月在涉县召开"第三届全国重要农业文化遗产学术研讨会"，2018 年 1 月举办"申报全球农业文化遗产启动仪式及专家讲座"，2019 年 6 月 2 日至 4 日在涉县召开"涉县太行山旱作梯田申报全球重要农业文化遗产国际专家咨询研讨会"。正是在促进涉县旱作梯田系统的保护与发展的过程中，一个由政府、社区企业、科研机构、媒体等组成的多方参与机制逐步建立起来。

情系桑梓

为了宣传涉县旱作梯田的独特价值，提升当地社区的保护治理与可持续发展能力，2017 年 10 月，在热心旱作梯田系统保护与发展的涉县农牧局副局长贺献林的奔走牵线下，河北省邯郸市涉县旱作梯田保护与利用协会（以下简称"梯田协会"）正式成立。梯田协会是非营利性民间社团组织，意在培育基于社区的农业文化遗产保护与利用的志愿者队伍。最初，梯田协会由 5 名发起人联合 50 名关心、关注涉县旱作梯田保护与发展的村干部、企业家、合作社以及老农民、老手工艺人共同组成，截至2021 年底，梯田协会已经拥有 72 名会员。

太行梯田
温双和 摄

2019年至2021年，梯田协会在中国农业大学农业文化遗产研究团队的指导下，前后累计历时近6个月，与王金庄村青年骨干开展梯田地名文化普查。普查组成员由村内了解历史的长者和当地年轻的志愿者组成。在普查过程中，各小组成员对每条沟内的梯田块数、亩数、作物类别以及归属进行调查与记录，考察每处地名并询问相关的传说故事等。带着水壶、笔和纸，小组成员在这莽莽太行山的石头间隙中走过了小南东峧沟、小南沟、大南沟南岔、大南沟北岔、石井沟、滴水沟、大崖岭、石花沟、岭沟、倒峧沟、后峧沟、鸦喝水、石岩峧、有则水沟、桃花水大西沟、大桃花水、小桃花水、灰峧沟、萝卜峧沟、高峧沟、犁马峧沟、石流碛、康岩沟、青黄峧等24条大沟、120条小沟，普查梯田共27 291块、地名共420个。参与梯田普查的村民李海魁感慨地说：

> 我们为查清沟沟坎坎的层层梯田，从山根到山尖，从沟口到沟底，走遍了各个大沟小沟，穿山越岭，从柴草窝里走，从马机荄（山皂荚）树下钻，划破了衣服和皮肤，也不觉得累和疼。有的地块特别长，石堰长达200米以上，甚至到300米不等。我们浑身是劲，心中很是兴奋，无法想象祖辈们的意志和力量。

重读这些蕴含着天时、地利、人和之农耕智慧的地名，总能感受到祖先尝试教会后人如何与自然和谐相处的良苦用心。名为"喝水"的地方是否依旧存在水源？名为"岩峧"的地方是否盛产大块石头？名为"桃花"的地方是否适合种植桃属果树？随着土地普查工作的进行，长者和年轻人达成了默契。对于长者来说，仔仔细细走一遍年轻时走过的路，回忆起曾经艰苦磨砺的岁月，不仅是对自己一生的回望，更能理解祖先的伟大，进而对自然充满敬畏；对于年轻人来说，虽在村里长大，却从来没有到过大山深处，没有真正看过梯田和家乡的全貌。他们听着长者讲述每一处地名的由来，讲述祖先开辟梯田的不易，无不心潮澎湃，这梯田普查也因此成为他们对生活、对生命的感悟之旅！当地老教师李书吉全程参与了梯田普查，他深情地写下一段文字：

> "我们王金庄有千层万块的梯田，因势而建，宽宽窄窄，这是祖祖辈辈先人智慧的结晶，也是留给我们后人最宝贵的财富。而今年轻人只看到了它的雄壮和美丽，却不知道修梯田时的艰难与困苦。20 世纪 60 年代，在全国"农业学大寨"热潮的大生产运动中，我有幸参加了王金庄修梯田专业队，亲身经历了修建梯田的过程，饱尝了修梯田的艰辛，知道了每块梯田的来之不易。勤劳的王金庄人民总是把冬闲变为冬忙，常常利用冬季的时间修田扩地，但这个时间也是修梯田最艰难的时候，天寒地冻的严冬，每每清晨，石头上总被厚厚的冰霜所覆盖，手只要触摸，总有被粘连的感觉，人们满是老茧的双手，冻裂的口子，经常有滴滴鲜血浸渗在块块石头之上，但人们仍咬牙坚持修筑梯田，一天又一天，一年又一年地坚持着筑堰修地，使梯田一寸寸、一块块、一层层地增加着。记得有一年的春节，修梯田专业队除夕晚上收工，正月初三就开始了新一年的修梯田运动，尽管人们起五更搭黄昏，但平均一个劳动日只能修不足一平方尺（0.11 平方米）的土地。在这次普查中，每见到一块荒废的土地，我都非常心痛。外出打工、养家糊口固然重要，但保护、传承和合理利用老祖宗留给我们的宝贵遗产更为重要。希望青年朋友们，从我做起，从小事做起，尽可能保护开发建设梯田，千万不要成为时代的罪人！"

自 2014 年涉县旱作梯田农业系统被认定为中国重要农业文化遗产以来，涉县政府对该片区域的投资开发始终保持着谨慎的态度，担心过度、过快的商业化开发会破坏这里的淳朴民风。之所以强调"谨慎发展"，是因为农业文化遗产与当地人的农业生

老物件

产、乡土生活是紧密相连的。以村落为中心的社会生态系统才是
该遗产保护的重中之重。因此，即使交通便利了，梯田协会的会
员也得以多次前往山西、陕西和河南等省份调研学习，但面对满
满一箩筐的"知识经验"，梯田协会却不急着"现学现卖"。

王金庄自有王金庄自身的石头，切不可生搬硬套他山之石，
失了它自身作为农业文化遗产的保护初衷。梯田协会在中国农业
大学农业文化遗产研究中心的指导下，从 2020 年 12 月至 2021
年 4 月，带领村民在日常生活中寻找祖祖辈辈生活的印迹。老
物件曾经是先人生活中重要的物品，也是一个时代的见证。抹去
那厚厚一层的静默灰尘，尘封已久的老文书、老地契、老照片和
老物件等村落文物容颜重现。看似"折腾"的翻箱倒柜，让村民
看到了家乡既茫远又切近的历史与文化。此外，协会还结合王金
庄本地实情，在多方合力下先后面向当地老年人群体开展娱乐活
动，与向荣公益基金会、美丽乡愁等公益组织合作，开展幼儿园
和小学生夏令营，举办梯田文化节等活动，不断探索适宜王金庄

石崖沟踏查。
王晓林 摄。

自身发展的道路。当前，协会围绕当地的旱作梯田农耕文化，逐渐挖掘出了石头文化、毛驴文化、饮食文化，建成了旱作石堰梯田系统王金庄研究院和梯田展馆，带动了王金庄农旅产业的发展。

把根留下

2021 年 9 月，"涉县旱作梯田系统农业生物多样性的保护与利用"从全球 26 个国家的 258 个申报案例中脱颖而出，成功入选"生物多样性 100+ 全球典型案例"。太行深山莽苍苍，走上王金庄的山冈，平整的带状石堰梯田环绕山间，漫山遍野的梯田里，种植着谷子、玉米、花椒、柿子、黑枣等作物。将花椒种植在梯田边，既可以保持水土，起到"生物埂"的作用，平均每亩还能增加近 900 元的收入。这正是人们与当地自然环境长期互

问询村丈
孙庆忠 摄

动积累的本土智慧。

无奈的是，因山里青壮年大多外出务工，梯田撂荒时有发生。从事农作的人少了、梯田撂荒多了，这会带来一系列的次生反应——最直接的冲击是老种子的"后继无人"。村民李反祥（1937 年生）曾回忆道："以前种的玉米叫白芙蓉、金皇后，但是现在都不种了。现在种的都是市场上种子公司推行的玉米种，产量比较高，但是没有之前的玉米味道好。以前的老玉米发香，现在的玉米光甜不香，同样体积的玉米，之前的玉米重量更重。"种子没了、作物少了，千百年流传下来的生物多样性系统遭到破坏。没有了植被的保护，土地蒸发量变大了、蓄水能力降低了。

一方水土一方人，种子是人与土地的互动媒介。毫不夸张地说，每一粒种子不仅是某种食物的来源或是起着防止水土流失的作用，它更是一种文化传承至今的物质见证。种子维系着人与土地最亲密的关系，容纳着不同时代对人与自然关系的思考，王金庄的智慧在种子中绵延不绝。从 2018 年起，王金庄的妇女们就在当地政府、科研机构和梯田协会的带领下，专门调查收集王金庄种植的传统作物种子，以重新唤醒属于王金庄人的"种子记忆"。

几年下来，目前已全面查明并收集旱作梯田系统种植或管理的作物品种达 26 科 57 属 77 种，其中粮食作物 15 种、蔬菜作物 31 种、油料作物 5 种、干鲜果 14 种、药用植物以及纤维烟草等 12 种。77 种作物中包括 171 个传统农家品种，其中粮食作物 62 个、蔬菜作物 57 个、干鲜果品 33 个、油料作物 7 个、药用植物和纤维烟草 12 个。2020 年，当地人按照分类将不同品种种植在田间，以实地种植的方式使得各类品种得以延续，田间地头成为活的"种子银行"。此外，这两年来，当地政府还组织人力在梯田护坡上种植了连翘、紫穗槐、苜蓿草等中草药材，在增加地表植物覆盖率的同时，还能提高当地居民的经济收入。王金庄原本丰富多样的农业物种得以复苏，还在耕作制度和农业工程

三月奶奶顶庙会

问询老物件

岩凹沟踏查
孙庆忠 摄

的配合下，逐渐恢复了"小雨润物、中雨蓄墒、大雨入塘、暴雨进川、水不出山"的良性生态体系。

用地与养地相结合是中国传统农业精华之一，现代农业的发展需要从传统农业中汲取智慧。20世纪60年代，全国掀起"农业学大寨"运动后，河北省政府提出"外学大寨，内学王金庄"的口号，王金庄的劈山造田、拦坝蓄水、植树造林，尤其是石堰梯田，成为荒山造田的时代典型。今天，走在太行山东麓的河北涉县王金庄一带，我们还可以看到勤劳智慧的王金庄村民在这四季更替中，继续采取施足底肥、轮作倒茬的耕作制度，重新捡起千百年来"冬修、春播、夏管、秋收"的农耕技术体系。"山顶松柏戴帽，荒山连翘满坡，梯田果粮药间作，观赏花卉路边开"，村民、毛驴、传统农具、游客与层层叠叠的梯田和万紫千红的花草相映成趣，由农耕文化衍生出的农旅产业开始为古老的梯田注入新的活力，形成了一幅传统与现代交织的耕作图。

世代更迭，王金庄人见证了中国北方旱作农业的传统和复兴，也在太行山区乃至中国北方的农耕文化中留下了浓厚的现代化印记。由此看来，农业文化遗产保护确实不是对"古旧"的顽

田间地头话农耕
李为青　摄

冥执守，其本质是唤醒乡土的记忆，培育乡土发展的内生动力，为面向未来的乡村建设提供生命的智慧与土地的诗学。

梯田乐章
温双和 摄

后记：相伴七年

2015 年 5 月，我和学生第一次走进王金庄就被这里梯田的壮美和百姓的质朴深深地吸引住了，也因此让中国农业大学与太行山东麓的这个山村结下了言说不尽的情缘。7 年间，为了探索旱作梯田持续近 800 年的秘密，先后有 66 位师生在此驻村调研，其中 3 拨 23 位学生"安营扎寨"的时日以月计算。2018 年之前，我们从踏查梯田入手，勾勒出水、土、石头、毛驴、作物、道路等雨养农业系统的基本构成元素，进而以灾害为主题，发掘农民世代累积的生态智慧。从 2019 年起，我尝试在前期调研的基础上，推动社区营造工作，以农业文化遗产保护之名，开展因应时代需求的乡村建设。此时，正逢村民自发组织的"旱作梯田保护与利用协会"需要外力支持，以此为契机我们开始全方位地走入村民生活，协助梯田协会开展一系列的文化挖掘和组织建设工作，以期凝聚村民热爱家乡的情感和乡土重建的信心。作为多方倾情合作的成果之一，《石街邻里：河北涉县旱作石堰梯田村落文化志》是在乡村振兴背景下，农民与高校师生共同守望农业遗产、抢救乡土文化的历史见证。

回首与年轻学子们一路同行的日子，一幕幕往事就会清晰呈现，无论是岩凹沟梯田留下的欢声笑语，还是采录筑田老人后的潸然泪下，无论是石板街门庭前的沉思遐想，还是南院里寒冷冬日的同声歌唱，都洋溢着青春的激情与梦想，挥之不去的是我们师生对乡土社会的积极想象。这是一种力量，一种源于心灵深处的力量，不仅使我在暑去寒来的岁月流转中，常常生起"昔日重来""记忆不老"之感，也给乡村里的老人带去了一份温暖，让他们觉得还有一拨来自北京的年轻人一直记挂着这里。这份情感上的牵系也让他们像想念远方的亲人一样，等待着孩子们的再次到来。

我经常和学生们说，我们身处一个灿烂的日新月异的时代，也是农村凋敝的特殊时期，全球化和城市化业已成为人们根深蒂固的发展观念。在这种情况下，我们又能为今天的乡土中国做点什么呢？对旱作石堰梯田系统的持续研究，让我们看到了乡村的希望，也重新发现了高校服务社会所深具的潜能。我们挖掘村落文化资源的行动也是村民参与交流的互动过程，这之中，尘封的往事从幕后走到前台，继而成为一剂良药化解了他们当下隐隐作痛的心结。可以说，这种建立在信任基础上的社区实践，客观上培育了村民改变处境、创造生活的能力。

中国农业大学农业文化遗产研究团队是一支由本科生、硕士生和博士生组成的志愿服务队伍。尽管团队成员几经变化，但扎根乡土、服务乡村的理念却始终如一。在无数次思考乡村出路的夜话中，在与村民走沟踏岭的日子里，他们深切地体验到——"我们为别人赋予生命意义的同时，也在建构着我们自己的生命价值。"时间已经证明，一次次的乡村之行培养了他们对乡村生活的洞察力、对所学专业的感悟力，也使之拥有了研究乡村的真挚情感，这恰恰是年轻生命里不可或缺的精神源泉！在这部集体创作的村落文化志付梓之际，留下只言片语，以此追念与我"身外的青春"共度的朝朝暮暮。

孙庆忠
壬寅夏至于北京海淀花园路寓所

图书在版编目（CIP）数据

石街邻里：河北涉县旱作石堰梯田村落文化志 / 孙
庆忠等著 . -- 上海：同济大学出版社 , 2023.2
（全球重要农业文化遗产·河北涉县旱作石堰梯田系
统文化志丛书 / 孙庆忠主编；2）
ISBN 978-7-5765-0527-6

Ⅰ.①石… Ⅱ.①孙… Ⅲ.①梯田—文化遗产—研究
—涉县 Ⅳ.① S157.3

中国版本图书馆 CIP 数据核字 (2022) 第 237714 号

全球重要农业文化遗产
河北涉县旱作石堰梯田系统文化志丛书

石街邻里
河北涉县旱作石堰梯田村落文化志

孙庆忠 等著

出 版 人	金英伟
责任编辑	李争
责任校对	徐逢乔
装帧设计	彭怡轩
版 次	2023 年 2 月第 1 版
印 次	2023 年 2 月第 1 次印刷
印 刷	上海安枫印务有限公司
开 本	890mm × 1240mm 1/32
印 张	10
字 数	269 000
书 号	ISBN 978-7-5765-0527-6
定 价	98.00 元
出版发行	同济大学出版社
地 址	上海市杨浦区四平路 1239 号
邮政编码	200092
网 址	http://www.tongjipress.com.cn
经 销	全国各地新华书店

luminocity.cn

光 明 城

LUMINOCITY

"光明城"是同济大学出
版社城市、建筑、设计专
业出版品牌，致力以更新
的出版理念、更敏锐的视
角、更积极的态度，回应
今天中国城市、建筑与设
计领域的问题。